建筑与市政工程施工现场专业人员继续教育教材

绿色施工与现场标准化管理

中国建设教育协会继续教育委员会　组织编写
曹安民　阚咏梅　编著

中国建筑工业出版社

图书在版编目（CIP）数据

绿色施工与现场标准化管理/中国建设教育协会继续教育
委员会组织编写. —北京：中国建筑工业出版社，2016.3（2020.11重印）
建筑与市政工程施工现场专业人员继续教育教材
ISBN 978-7-112-18956-4

Ⅰ.①绿…　Ⅱ.①中…　Ⅲ.①建筑工程-施工现场-无污染
技术-标准化管理　Ⅳ.①TU721

中国版本图书馆CIP数据核字（2016）第004917号

　　本书讲解了绿色施工及现场标准化管理，旨在推广先进的施工管理经验，帮助
读者建立相关概念，以熟悉未来工作条件的变化。本书主要内容包括：绿色建筑材
料、工程项目绿色施工、施工现场标准化管理概述、施工区标准化管理、施工现场
办公区标准化管理、施工现场生活区标准化管理。

　　本书可用作建筑与市政工程施工现场专业人员继续教育用书，也可供相关技术
人员参考使用。

　　责任编辑：朱首明　李　明　李　阳　李　慧
　　责任设计：李志立
　　责任校对：李欣慰　赵　颖

建筑与市政工程施工现场专业人员继续教育教材
绿色施工与现场标准化管理
中国建设教育协会继续教育委员会　组织编写
曹安民　阚咏梅　编著
*
中国建筑工业出版社出版、发行（北京西郊百万庄）
各地新华书店、建筑书店经销
北京红光制版公司制版
北京建筑工业印刷厂印刷
*
开本：787×1092毫米　1/16　印张：7½　字数：184千字
2016年3月第一版　2020年11月第八次印刷
定价：**19.00**元
ISBN 978-7-112-18956-4
（28202）

版权所有　翻印必究
如有印装质量问题，可寄本社退换
（邮政编码 100037）

建筑与市政工程施工现场专业人员继续教育教材
编审委员会

主　任：沈元勤

副主任：艾伟杰　李　明

委　员：（按姓氏笔画为序）

于燕驰　王　昭　邓铭庭　白　俊　台双良　朱首明

刘　冰　刘仁辉　刘传卿　刘善安　孙延荣　李　阳

李　波　李庚尧　李晓文　李雪飞　李慧平　肖兴华

吴　迈　宋志刚　张囡囡　陈春来　周显峰　赵泽红

俞宝达　姚莉萍　袁　蘋　徐　辉　高　原　梅晓丽

曾庆江　虞和定　阚咏梅　颜　龄

参编单位：

中建一局培训中心

北京建工培训中心

山东省建筑科学研究院

哈尔滨工业大学

河北工业大学

河北建筑工程学院

上海建峰职业技术学院

杭州建工集团有限责任公司

浙江赐泽标准技术咨询有限公司

浙江铭轩建筑工程有限公司

华恒建设集团有限公司

序

    建筑与市政工程施工现场专业人员队伍素质是影响工程质量、安全、进度的关键因素。我国从 20 世纪 80 年代开始,在建设行业开展关键岗位培训考核和持证上岗工作,对于提高建设行业从业人员的素质起到了积极的作用。进入 21 世纪,在改革行政审批制度和转变政府职能的背景下,建设行业教育主管部门转变行业人才工作思路,积极规划和组织职业标准的研发。在住房和城乡建设部人事司的主持下,由中国建设教育协会主编了建设行业的第一部职业标准——《建筑与市政工程施工现场专业人员职业标准》JGJ/T 250—2011,于 2012 年 1 月 1 日起实施。为推动该标准的贯彻落实,中国建设教育协会组织有关专家编写了考核评价大纲、标准培训教材和配套习题集。

    随着时代的发展,建筑技术日新月异,为了让从业人员跟上时代的发展要求,使他们的从业有后继动力,就要在行业内建立终身学习制度。为此,为了满足建设行业现场专业人员继续教育培训工作的需要,继续教育委员会组织业内专家,按照《标准》中对从业人员能力的要求,结合行业发展的需求,编写了《建筑与市政工程施工现场专业人员继续教育教材》。

    本套教材作者均为长期从事技术工作和培训工作的业内专家,主要内容都经过反复筛选,特别注意满足企业用人需求,加强专业人员岗位实操能力。编写时均以企业岗位实际需求为出发点,按照简洁、实用的原则,精选热点专题,突出能力提升,能在有限的学时内满足现场专业人员继续教育培训的需求。我们还邀请专家为通用教材录制了视频课程,以方便大家学习。

    由于时间仓促,教材编写过程中难免存在不足,我们恳请使用本套教材的培训机构、教师和广大学员多提宝贵意见,以便我们今后进一步修订,使其不断完善。

中国建设教育协会继续教育委员会

2015 年 12 月

前　　言

建筑业一直以来都是国民经济的支柱产业，随着我国城镇化进程的快速发展，建筑业占国民经济的比重逐渐加大，因此建筑业也需要走可持续发展之路，推行我国绿色建筑与绿色施工势在必行。国家为了推进绿色建筑与绿色施工的发展，先后出台了一系列相关政策措施、技术标准。绿色施工作为建筑全寿命周期中的一个重要阶段，是实现建筑领域资源节约和节能减排的关键环节。绿色施工应是可持续发展理念在工程施工中全面应用的体现，绿色施工并不仅仅是指在工程施工中实施封闭施工，没有尘土飞扬，没有噪声扰民，在工地四周栽花、种草，实施定时洒水等这些内容，它涉及可持续发展的各个方面，如生态与环境保护、资源与能源利用、社会与经济发展等内容。同时，作为工程建设的重要环节，建筑施工现场管理水平的高低不仅事关工程质量安全，而且直接影响建筑业的长远健康发展，影响城市建设的质量和水平。由于建筑业本身固有的露天作业、危险性大等特点，在传统的施工现场管理模式下，施工现场往往出现脏、乱、差的局面。近年来，施工现场标准化管理日益受到施工企业的重视。施工现场推行标准化管理是建筑业管理方式的重大革新，是塑造建筑业形象、提高行业竞争力的重大举措，是建筑行业发展的必然选择。为进一步提升施工现场标准化管理水平，推动施工现场规范化和标准化工作进程，笔者结合建筑施工的实际和特点编写本书，旨在指导和推动绿色施工与现场标准化管理。

本书主要内容包括绿色建筑材料、工程项目绿色施工、施工现场标准化管理概述、施工区标准化管理、施工现场办公区标准化管理、施工现场生活区标准化管理。

本书由曹安民、阚咏梅编著，由于作者学识有限，编写时间较紧，本书内容的选取以及文字的提炼推敲可能存在不足之处，敬请专家与同行指正，以期不断完善。

本书在编写过程中参阅了大量的文献，在此对他们的工作、贡献表示深深的谢意！

目　　录

一、绿色建筑材料

（一）绿色建材的基本概念及特征

随着人们环境保护意识的不断增强，对生活环境质量的要求也越来越高，尤其是 20 世纪六七十年代人们发现了"有病建筑综合征"以来，更加关注身边的建筑材料对健康的影响，人们期望有更多、更好的绿色建材问世，对绿色建筑及其装饰材料的要求也越来越严格，并迫切需要有一套科学的指标体系来评估绿色建材的合格程度。一些发达国家已开始了对绿色建材的有益探索，先后制定了有关绿色建筑材料的评估体系和认证标准，从此绿色建材逐步发展起来。

1. 绿色建材的起源

经历了两次世界大战后，西方国家更加注重经济的发展，工业化进程进一步加快，大量消耗资源和能源，从而引发一系列全球环境问题，尤其是 1973 年和 1979 年发生的两次石油危机，使人类逐步认识到保护生存环境的重要性，以及在经济可持续发展的情况下，保障人类生存空间的重要意义。

1988 年，第一届国际材料科学研究会上首次提出了"绿色材料"概念。绿色材料、绿色产业、绿色产品中的绿色，是指以绿色度表明其对环境的贡献程度，并指出可持续发展的可能性和可行性。绿色已经成为人类寄托环保愿望的标志。

1990 年，日本东京大学山本良一教授指出："绿色建材应具备三个特征，一是具有先进性，能为人类开拓广阔的活动范围和环境；二是环境协调性，即它们同外部环境尽可能协调；三是舒适性，使人类生活环境更加优美、舒适。"

1992 年，联合国在里约热内卢召开的"世界环境与发展"大会上，通过了《21 世纪议程》，确立了建筑材料可持续发展战略方针，制定了未来建材工业循环再生、协调共生、持续自然的发展原则。绿色事业进一步得到全世界的重视，绿色的含义也随人们认识的提高而不断扩大。

1992 年，国际学术界明确提出绿色材料的定义：绿色材料是指在原料采取、产品制造、使用或者再循环以及废料处理等环节中对地球环境负荷力最小和有利于人类健康的材料，亦称之为"环境调和材料"。

2. 绿色建材的概念

当前，世界各国的城市规划、建筑设计、建筑标准无不强调以绿色建筑为宗旨的绿色环境，并把 21 世纪看作是绿色建筑的时代。绿色建材是绿色建筑的基础，绿色建筑需要绿色建材，由于绿色建材的概念相当宽泛，国内外对绿色建材的概念说法不一，主要归纳以下几个方面：

（1）避免使用能够产生破坏臭氧层的化学物质的机构设备和绝缘材料：CFCs（氯化

氟碳）已经被取消使用，但是 CFCs 的替代物 HCFCs 同样也破坏臭氧层，因此在可能的情况下也应尽量避免使用 HCFCs 所生产的泡沫绝缘材料。当维修或处理设备的时候，应注意回收 CFCs。

（2）采用耐久性产品和材料：建筑材料的生产是高耗能的，因此使用时间长、维护少的产品就意味着节约了能源，同时也减少了固体废料的产生。

（3）选择不需要维护的建筑材料：在可能的情况下，选用基本上不需要维护（例如粉刷、再处理、防水处理等）或者其维护对环境的影响最小的建筑材料。

（4）选择物化能量低的建筑材料：重工业的产品和材料一般都是高耗能的。因此，在不影响产品性能和使用寿命的情况下，应尽可能选择物化能量低的材料。

（5）购买本地生产的建筑材料：运输不仅需要消耗能量，同时会产生污染，因此应尽量购买当地生产的材料。

（6）购买本地生产的回收再利用的建筑产品：用废弃材料生产建筑产品减少了固体废料污染，减少了生产中的能量消耗，同时节省了自然资源，如纤维素绝缘制品、用草生产的地板砖、回收塑料所生产的塑料木材等。

（7）在有可能的情况下选用废弃的建筑材料：例如拆卸下来的木材、五金等，这样做可以减轻垃圾填埋的压力，节省自然资源。但是一定要确保这些材料可以安全使用（检测是否含铅、石棉等有害成分），重新使用旧的窗户和洗手间洁具，不应以牺牲节能和节水为代价。

（8）寻求可持续的木材供应：使用来自于管理很好的森林的木材，避免砍伐原始森林中的木材。

（9）避免使用会释放污染物的材料：溶剂型的涂料、胶粘剂、地毯、刨花板等许多建筑产品都可能会释放出甲醛和其他挥发性的有机化合物，这些物质对工人和居住者的身体健康会造成危害。

（10）将包装废料减到最少：避免过分的包装。但是，同时也要确保仔细包装某些易碎的东西以免破坏。

（11）AIA（American Institute of Architects）将其每年评选的"十大绿色工程"的标准定义为：使用高效技术如 PV；材料和能源的充分利用；能量节约；建筑与本地的居民、环境的相互影响等。

（12）1998 年中国科技部、国家自然科学基金委员会和国家"863 计划"新材料专家组在"生态环境材料研究战略研讨会"上提出生态环境材料的基本定义：具有满意的使用性能和优良的环境协调性或能够改善环境的材料。所谓环境协调性是指所用的资源和能源的消耗量最少、生产与使用过程对生态环境的影响最小、再生循环率最高。

（13）1999 年在首届全国绿色建材发展与应用研讨会上提出绿色建材的定义。绿色建材是指采用清洁生产技术，不用或少用天然资源和能源，大量使用工农业或城市固态废弃物生产的无毒害、无污染、无放射性，达到使用周期后可回收利用，有利于环境保护和人体健康的建筑材料。

（14）国内相关专家经过不断的探索和研究，从不同的角度对"绿色建材"进行了定义，主要有：在当前的经济技术条件下，材料的开采、生产加工、使用及最终拆除四个环节中，复合评价指标不影响可持续发展的建筑材料；要定义绿色建材还得从生态环境材料

(Ecomaterials) 与绿色材料入手。绿色建材是用于建筑的绿色材料，是绿色材料的一部分，在其生产和使用的过程中更重视环保功能和可循环利用，其在内涵上与绿色材料及生态环境材料是相同的，只是外延不同而已；生态环境材料是具有满意的使用性和优异的环境协调性的材料，具有改善环境的作用。

3. 绿色建材的定义及基本特征

（1）绿色建材的定义

根据以上对绿色建材概念的分析，参照相关专家的不同阐述，结合我国实践，绿色建材应定义为：在原料采取、产品制造、使用或者再循环以及废料处理等环节中对地球环境负荷力最小和有利于人类健康的材料，亦称之为"环境调和材料"。

建材工业是国民经济非常重要的基础性产业。是天然资源和能源资源消耗高、破坏土地资源多、对大气污染严重的行业之一。

绿色建材又称生态建材、环保建材和健康建材等。绿色建材是指采用清洁生产技术、少用天然资源和能源、大量使用工业或城市固态废弃物生产的无毒害、无污染、无放射性、有利于环境保护和人体健康的建筑材料。

（2）绿色建材的特征

绿色建材与传统建材相比可归纳以下五个方面的基本特征：

1）其生产所用原料尽可能少用天然资源，大量使用尾矿、废渣、垃圾、废液等废弃物。

2）采用低能耗制造工艺和不污染环境的生产技术。

3）在产品配制或生产过程中，不得使用甲醛、卤化物溶剂或芳香族碳氢化合物；产品中不得含有汞及其化合物；不得用铅、镉、铬等种金属及其化合物的颜料和添加剂。

4）产品的设计以改善生态环境、提高生活质量为宗旨，即产品不仅不损害人体健康，而应有益于人体健康，产品具有多功能，如抗菌、灭菌、防霉、除臭、隔热、阻燃、防火、调温、调湿、消磁、防射线、抗静电等。

5）产品可循环或回收再利用，无污染环境的废弃物。

绿色建材满足可持续发展的需要，做到了发展与环境的统一，现代与长远的结合。建材工业的发展、绿色化进程，不但关系到建材工业目前的发展问题，还关系能否和国际市场接轨问题，关系国计民生能否可持续发展的大事，关系我国人民生活质量的大事，关系功在当代、造福千秋的大事。因此要以战略的眼光、时代的紧迫感和历史责任感努力促进各种绿色建材的发展，以绿色建材建造健康——安全——舒适——美观的建筑和室内环境，造福社会，造福人民。

4. 绿色建材的分类

在制造和使用过程中，对地球环境负荷相对最小的材料称为"环境材料"或"绿色材料"；而有益于环境健康的材料称为"保健环境材料"或"环保型材料"。然而，环保型建材在国际上却仍处于研究阶段。

传统天然材料及大多数人造新材料均属于"绿色建材"的范畴。"健康材料"的概念系指具有特定的环保功能和有益于健康功能的材料，具有空气净化、抗菌、防霉功能或电化学效应、红外辐射效应、超声和电场效应等。"绿色建材"主要针对地球环境负荷，而"保健材料"是指直接与健康有关的居室内小环境，也有人把二者总称为"生态环境材料"。"生态环境"是指气、水、地球环境及光和热等自然条件之外，微生物、动植物等与人类有关的一切环境。因此，把"生态环境材料"分为如下几种：

(1) 气环境材料—净化空气材料。

(2) 水环境材料—净化水材料。

(3) 地环境材料—改良土地、利用废渣。

(4) 循环材料—零排放废气、废水和废渣。

(5) 保健环境材料：

1) 空气净化建材；

2) 饮水净化材料；

3) 保健抗菌材料；

4) 健康功能材料。

（二）国外绿色建筑材料的发展现状

1. 绿色建材产品生产及应用现状

近20年来，欧洲、美国、日本等工业发达国家对绿色建材的发展非常重视，1992年联合国环境与发展大会召开后，1994年联合国又增设了"可持续产品开发"工作组。随后，国际标准化机构 ISO 也开始讨论制定环境调和制品（ECP）的标准，绿色建材的发展速度明显加快，如制定了有机挥发物（VOC）散发量的试验方法，规定了绿色建材的性能标准，对建材制品开始推行低散发量标志认证，并开发了许多绿色建材产品。在提倡和发展绿色建材的基础上，一些国家已经建成居住或办公样板健康建筑，取得了良好的社会和经济效益，受到高度的评价和欢迎。

（1）绿色建材产品开发及生产情况

发达国家如日本、美国及西欧等国都投入了很大力量研究与开发绿色建材，国际上的大型建材生产企业早就对绿色建材的生产给予了高度重视，并进行了积极的工作，他们在要求实用功能及外表美观之外，更强调对人体、环境无毒害、无污染，性能属于环保型和健康型。日本在绿色建材的产品研究和开发等方面都获得了可喜的成果。如日本东陶公司研制成有效抑制杂菌繁殖和防止霉变的保健型瓷砖，日本铃木产业公司开发出具有调节湿度功能、防止壁面生霉的壁砖和可净化空气的预制板等。

发达国家的绿色建材产品已由初期的地毯、涂料、胶粘剂等逐步发展到墙体、吊顶、门窗等制品。国外开发及生产的绿色建材产品介绍如下：

1) 采用工业或城市固态废弃物生产的绿色建材产品主要有：

① 废弃物贝壳制成的室内喷涂材料

日本某公司研制成功用水产养殖业的废弃物贝壳生产高级室内装饰用喷涂材料。这种新型高级喷涂材料具有通气性好、美观、易施工等特点，采用天然物质、无毒、不污染环境。

② 废报纸制成的生态板

日本开发成功用废报纸制造混凝土模板的技术，采用该技术生产的建筑用板使用废报纸做原料，故称之为"生态板"。降低了生产混凝土的生产成本，又节省了森林资源。

③ 将污泥焚烧灰加工成合成石料

日本某公司将污泥焚烧灰与二氧化硅、氧化铝、石灰混合，在高温下熔融、除气，再冷却生成非晶态状的玻璃状石料，再重新加热生成所需的石料。这种合成石料具有优良的性能，翘曲强度和压缩强度都比大理石高。

④ 橡胶合成屋面材料

加拿大某公司采用废弃的聚合物和橡胶制品生产出新型屋面材料，开创了屋面材料的新篇章。这种塑料橡胶合成屋面材料具有质轻、耐久，具有 100 年的使用寿命，远远超过最高的工业标准。制造商可为产品提供 50 年的质量保证。产品的原料来自于废弃的橡胶等聚合物，而且这些屋面材料还可以进行回收利用，易于安装，具有很好的抗紫外线照射和耐霜冻特性，完全浸泡在水中 72h 以后也不会吸收一点水分，具有优良的绝热和隔声性等。在北美、英国已经有不少建筑采用了这种屋面材料，其中包括教堂、博物馆、学校和医院等。

⑤ 钢铁废渣和椰子纤维制成的新型建材

巴西一家研究所通过多年的试验，以钢铁废渣和椰子纤维为原料，成功研制出一种性能优于普通砖和水泥预制板的新型建筑材料。这种新型建筑材料由 90% 的高炉废渣、6% 的石膏粉、2% 的石灰水、2% 的椰子纤维混合搅拌而成，其坚固性、耐久性、安全性及防水性等各项指标均优于普通的水泥建筑材料。

⑥ 用副产石膏生产的陶瓷饰面砖

俄罗斯研制成功用副产石膏生产的石膏板、石膏砌块、陶瓷饰面砖等建筑材料制品。用副产石膏生产陶瓷面砖所采用的原料除副产石膏外，还有高炉矿渣、回收瓶罐、碎玻璃等。

⑦ 用废塑料生产木塑制品

该方法是将废塑料压碎、混合并加热，然后加入添加剂，加工制成仿木材的制品。其外观、强度及耐用性等方面均可与木材相比，且产品可回收再利用。

⑧ 塑料柏油

芬兰某公司成功将塑料液化技术应用于塑料垃圾的再生利用。利用这种技术可将塑料垃圾液化，而且液化时不需要对垃圾进行严格的分类和清洗。液化塑料可作为沥青的替代品，用于铺设马路，因此被称为"塑料柏油"。"塑料柏油"的最大特点是具有良好的伸缩性，比普通柏油更耐寒、耐振，而且造价低廉。

2）采用高新技术制作有益于人体健康、多功能的绿色建材产品主要有：

① 保健型瓷砖

日本某公司研制出一种新型瓷砖，该瓷砖采用光催化剂技术，在瓷砖表面制作了一层具有抗菌作用的膜，这种膜可有效地抑制杂菌的繁殖，防止霉变的发生。这种保健型瓷砖，特别适用于医院、食品厂、食品店以及浴室、厨房、卫生间等装饰。

② 可调节室内湿度的壁砖

日本某公司开发出具有调节湿度性能的建筑用壁砖。这种新产品采用在北海道开采的硅藻岩制作而成。由于它是多孔构造，具有吸收并释放出空气水分的功能。在湿度 80% 的环境下，贴有这种壁砖的房间里的湿度可保持在 60%，它吸收并释放出湿气的能力为木材（例如杉木）的 15 倍。因此，房子里贴这种壁砖，在潮湿季节可防止壁面出现水珠或生霉。

③ 可保持室内最佳湿度的新型墙体材料

日本某公司开发成功一种能自动调节室内湿度的新型墙体材料。这种墙体材料只需使用室内面积的 10% 左右，即可将室内湿度保持在 10%，在湿度为 50% 以下时，基本不吸收水分，但当室内湿度超过 50% 时，即开始吸湿；相反，当室内湿度过低，它还会放出湿气。

④ 可净化空气的预制板

日本研制出一种建筑用混凝土预制板，它可以净化汽车排出的废气。实验结果证明，这种预制板可以清除空气中 80% 的氮氧化物。预制板表面涂有含有氧化铁的涂层，氧化铁涂层在阳光照射下经过化学反应可以清除空气中的有害物质。

⑤ 可净化海水的新型混凝土

日本某研究所研制出一种新型混凝土，这种混凝土像海岸上的沙滩一样，具有良好的自然净化水的作用。这种新型混凝土是在碎石上涂敷一层特殊水泥浆制成的，可让水和空气自由透过，其净化海水的原理是：通过在材料的表面和内部制造许多空隙，而微生物易粘附于这些空隙中并在其中繁殖，不断地分解海水中的有机物。在海岸水域中使用这种新型混凝土，海水水质可得到了明显的改善，所以，它是用作保护海岸和防波堤的好材料。

⑥ 凉爽型节能玻璃

日本某研究所发现，夏季白天建筑物内的热量有 71% 是由窗户进入的。为此，该所的研究人员开发出一种节能玻璃，可将阳光中 50% 以上的红外线反射走，既不影响室内的采光，又可以大幅减少伴随阳光进入建筑的热能。在冬天还可以充当温暖型节能玻璃，它可以让室内取暖设备产生的红外线尽量少辐射到室外。采用这种玻璃可以大大减少空调的耗电量。

⑦ 抗菌自洁玻璃

日本某公司生产的不用擦洗的抗菌自洁玻璃。它是采用成熟的镀膜玻璃技术（磁控溅射、溶胶—凝胶法等）在玻璃表面覆盖一层二氧化铁薄膜，这层二氧化铁薄膜在阳光下，特别是紫外线的照射下，能自行分解出自由移动的电子，同时留下带正电的空穴。空穴能将空气中的氧激活变成活性氧，这种活性氧能把大多数病菌和病毒杀死；同时它能把许多有害的物质以及油污等有机污物分解成氢和二氧化碳，从而实现了消毒和玻璃表面的自清洁。在居室中使用，还可有效地消除室内的臭味、烟味和人体的异味。

⑧ 除臭涂料

瑞典某公司研制成功一种能有效除臭的新型涂料。把这种涂料抹在墙壁、顶棚或物品上，会形成具有细小微孔的海绵薄层。一家制革工厂的墙壁和设备采用这种新型涂料后，车间空气中的硫化氢含量减少到一般情况下的 24%。

⑨ 能吸收氮氧化合物的涂料

日本某研究所研制出一种能吸收氮氧化物的涂料。只要将它涂在道路的隔声墙和大楼的外墙上，就能有效吸收汽车等所排放出的氮氧化物。该新型涂料是由光催化物质氧化铁与活性炭及硅胶搅拌加工而成的二氧化铁，一旦与紫外线相遇，就会产生易引起化学反应的活性氧，使氮氧化物氧化，变成硝酸。因为氧化铁有强大的氧化作用，渗入涂料，可使氮氧化物氧化，从而产生使光催化失效的缺点。所以，加入烷氧基硅烷类的一种硅胶，即可消除上述缺点。

⑩ 生态空心砖

巴西开发出一种生态空心砖，砖内填有草籽、树胶、有机肥料的土壤。把这种砖砌筑在建筑物的外层，草籽就会发芽生长，形成绿色的"生态砖"，使整个建筑物变成绿色，不但楼房美观，而且冬暖夏凉，减少噪声，空气保持新鲜，有益于人体健康。生态砖建筑物已成为巴西独特的景观。

⑪ 防摔伤塑料地板

美国某大学研制成功一种可防止人体摔伤的新型塑料地板。它是用双层有弹性的聚氨酯泡沫塑料为基材，中间用有一定硬度的同样材质的塑料横条支撑。其表面在人体跌倒时会发生与人体接触部位形状相同的变形，而不致摔伤。这种塑料地板适合家庭居室地面铺设，对于年老、体弱、有病的人来讲更安全。

（2）绿色建材在建筑中的应用

国外绿色建材的应用比较普遍，主要体现在绿色建筑中的应用，发达国家绿色建材在建筑中的应用情况如下：

1）德国：

生态楼：德国柏林建造了生态办公楼，在大楼的正面安装了一个面积 $64 m^2$ 的太阳能电池来代替玻璃幕墙，其造价不比玻璃幕墙贵。屋顶的太阳能电池负责供应热水。大楼的屋顶设储水设备，用于收集和储存雨水，储存的雨水被用来浇灌屋顶上的草地，从草地渗透下去的水又回到储存器。然后流到大楼的各个厕所冲洗马桶。楼顶的草地和储水器能局部改善大楼周围的环境，减少楼内温度的波动。

零能量住房：这种 100% 靠太阳能供给能源的住宅，可以不需要电、煤气、木材或煤，这样就不需要烟囱和取暖炉，也没有有害废气排入空气中，保持环境空气的清新。这种房屋的设计，向南开放的平面是扇形平面，这样可以获得很高的太阳辐射能。其墙面采用储热能力较好的灰砂砖、隔热材料和装饰材料组成。阳光透过保温材料，热量在灰砂砖墙中存储起来。白天房屋通过窗户由太阳来加热，夜间通过隔热材料和灰砂砖墙来加热。

2）丹麦

丹麦是实施健康住宅工程较早的国家。在 1984 年年底就建成了"非过敏住宅建筑"示范工程，是有 111 个单元的两层建筑。建筑材料是经过精心挑选的健康建材，主要结构选用混凝土以及层压的木材制成。饰面涂料是以无机硅酸盐为主要成分的建筑涂料。采用机械装置通风，换气 1 次/h，是普通住宅的 2 倍，通风系统中的过滤器要定期更换。1992年又建成了斯科特帕肯低能耗建筑，采用高效保温围护结构，智能系统对太阳能和常规供热系统进行智能调控，保持热水温度恒定；利用通风和夜间熟补偿技术减少住宅热损失；生活用水回用技术。通过这些技术措施使小区燃气、水、电分别节约 60%、30% 和 20%。此外还有丹麦科灵市郊区住宅开发项目等。

3）荷兰

荷兰在推行"环保屋"方面取得了显著的成果。荷兰推行的"环保屋"屋顶铺草皮，使原来光秃秃的屋顶成为绿色屋顶；四壁装有太阳能电池板，可将太阳能转化为电能，排水管用陶瓷代替塑胶管，并增加使用多种"循环再造材料"，避免化学材料的过多使用。引雨水冲洗厕所，以节约用水；在室内设置了温度、灰尘、化学晶、放射性毒素等测量计，监测室内的空气污染。目前，在荷兰建"环保屋"的成本约比起普通房子高10%。

4）瑞典

为促进生态建筑的发展，瑞典最大的住宅银行早在1995年就曾宣布，只向生态建筑开发商贷款。

有代表性的绿色建筑是哈马比新型建筑小区，其原址是重工业用地，区域内有许多污染物留存，是瑞典推进可持续发展的具有试点性质的示范住宅小区。该小区在系统化的规划设计上，按照闭合的生态系统理念，从环保、节能、节水、节材、节地和交通等方面综合统筹设计，由斯德哥尔摩市政府分管水务和垃圾处理的管理部门联合开发了一套生态循环系统，通过对当地住宅、办公室及其他设施能源、水、污水及废弃物的有机循环管理，实现了减少环境影响的目标，在"四节一环保"方面取得了积极成效。

5）英国

英国建筑研究院（BRE）于1991年曾对建筑材料及家具等室内用品对室内空气质量产生的有害影响进行了研究，他们提出在相对湿度大于75%时，可能产生霉菌，并对某些人会诱发过敏症。他们对空气质量的控制、防治提出了建议，并着手研究开发了一些绿色建材。

绿色建筑在建筑材料的选择上强调其生态特性，即选用容易获得的、产地不远的、可回收循环利用的、最好是天然的材料。工业界重视可持续性发展，不断开发透光、隔热等性能更优良的建筑材料，如诺贝尔楼采用的熔化透明屋顶，诺丁汉大学新校园教学楼中庭屋顶采用的嵌入了太阳能光电板的玻璃材料。种植屋面和裸露的厚重结构也经常采用，这种具有优良的热工性能的外围护结构对减少热损失、保持室内温度的稳定和舒适起着十分重要的作用。

6）日本

日本在健康住宅样板的兴建等方面取得了可喜的成果。

实验型健康建筑：1997年夏天在日本兵库县建成的一栋实验型"健康住宅"，整个住宅尽可能不选用有害于人体健康的建筑材料，其墙体为双重结构，每个房间建有通风口，整个房屋系统的空气采用全热交换器和除湿机进行循环。全热交换器能够有效地回收热量并加以再次利用，其过滤器可有效地收集空气中细小的尘埃。这种住宅能够抑制霉菌等过敏生物繁殖。其建筑费用比普通住宅增加约2成。

环境生态高层住宅：九州市建成的环境生态高层住宅是按照日本政府提出的省能源、减垃圾的《日本环境生态住宅地方标准》要求建造的，是综合利用自然环境物的尝试。这种生态住宅，其电力由风车提供，热水由太阳能供给，即住在住宅内的居民所用热水，不用煤加热，而是用装在大楼南侧的太阳能集热器提供。这种太阳能收集器，在晴天可使储水箱中的水加热到沸腾，即使下雨天，也能使水加热到约55℃。每户家庭的阳台上，都装有垃圾处理机，将每户家庭的生活垃圾进行处理变成植物的肥料。公寓外的停车场的地面混凝土具有良好的透水性能，使雨水存留于地下，与停车场内的树林形成供水循环系统。分隔房间的墙壁上留有通风口，并配置有通风设备，使每个住房均具有良好的通风效果。在大楼前，装有风车，由风车发电为公共场所照明提供辅助电源。据测算，每个住户一年用于空调的电费和煤气费可节约57000日元。

7）加拿大

　　健康住宅示范工程：1993 年在温哥华建成两层带阁楼的健康住宅，并向大众展示。实测结果表明其"住宅室内空气"满足质量要求。加拿大某公司在多伦多建成的三卧室的健康建筑，建筑使用的材料是低散发量的材料，据称这栋建筑所需能量、水等能自给自足，所用能量通过太阳能获得，水是通过收集雨水，并经净化而得，废料采用生物方法处理。这些建筑符合多数超敏感人对室内空气质量的要求。

　　8）美国

　　植物建筑：20 世纪 80 年代初期，美国在芝加哥建成了一座雄伟壮观的生态楼，楼内没有砖墙，也没有板壁，而是在原来应该设置墙壁之处种植植物，从而把每个房间隔开，人们称这种墙为"绿色墙"，称这种建筑为植物建筑。这种建筑的施工方法并不复杂，它无需成材木料，无需采用笨重的建筑设备，而是就地取材，以树木为主材，采用经过规整的活树木来作"顶梁"和"替代墙体"。运用流行的"弯折法"和"连接法"，建造出许多构思巧妙、造型新奇、妙趣横生的拱廊、曲桥、屏风、围场、商场、住宅和办公楼等。

　　绿色旅馆：美国为满足大众对环境保护的要求，建成了别具风格的绿色旅馆，其建筑材料有一半取自再生制造的铝材、玻璃、钢材等。旅馆内的用品尽量保证"安全"，如用不含酸的信封、信纸，以植物油炼制的肥皂，不用化学合成的洗衣粉，床单、毛巾等均不用化学纤维，而是用未受杀虫剂、化肥污染的棉花或亚麻织成。

　　资源保护屋：美国一家建筑公司为保护环境，节约资源，用回收的垃圾建造房屋，这种化腐朽为神奇的房屋，被称为"资源保护屋"，俗称"垃圾屋"。

　　绿色办公室：以节能、保护环境及健康为原则，以废旧回收物品的再生材料为主要材料建筑的绿色办公室。该栋办公楼从外表看，与普通写字楼并无区别，但它的墙壁是由麦秸秆压制并经过科技加工而成的，其坚固性并不次于普通木结构房屋。其地板由废玻璃制成，办公桌由废旧报纸与黄豆渣制成。最具特色的是其外墙外绕爬山虎等多种蔓生植物。这件绿衣不仅使办公室显得美丽清爽，并且能调节空气，使室内冬温夏凉，有益于身心健康。

　　世界上最大的绿色建筑：是美国获得"2009 年度 ULI 全球卓越奖"的绿色建筑项目，位于美国旧金山的加利福尼亚科学院内，是世界上最大的绿色建筑，包括水族馆、天文馆、自然史博物馆和四层雨林。占地 41.2 万 ft²，设计目的是维护当地环境资源，保护自然栖息地、物种。

（三）国外绿色建筑材料的评价及认证

1. 绿色建材的评价体系

　　国际上现有的绿色建材评价指标体系主要有两类：

　　（1）单因子评价体系，即根据单一因素及影响确定其是否绿色，一般用于卫生类，包括放射性强度和甲醛含量等。在这类指标中，有 1 项不合格就不符合绿色建材的标准。这种评价方法实际上是对绿色建材内涵的狭义理解，评价方法仅凭单一方面的指标，实际上不能体现出绿色建材的全部特征。

　　（2）复合类评价指标，也称生命周期（LCA）评价体系，包括挥发物总含量、人体感觉试验、耐燃等级和综合利用指标。在这类指标申，如果有 1 项指标不达标，并不一定排除出绿色建材范围。它是从材料的整个生命周期对自然资源、能源以及环境和人类健康的影响多方面进行定量的评估。生命周期是指产品从自然中来再回到自然中去的全部过程，即"从摇篮到坟墓"的整个生命周期各阶段的总和，具体包括从自然中获取最初的资源、能源，经过开采、原材料加工、产品生产、包装运输、产品销售、产品使用、再使用以及产品废弃处置等过程，从而构成了一个完整的物质转化的生命周期。

目前，LCA 方法的主要研究方向包括生命周期清单分析方法和生命周期影响评价方法，LCA 分析工具则主要包括基础数据库和 LCA 评价软件等。如今，国际上已经开发出多种 LCA 评价工具软件，其中最著名的包括 ECO-it、Eco-manager、Ecopro、GABi、IDEMAT、Simapro-TEAM 和 Umberto 等。

到目前为止，生命周期评价的目的与范围的确定和生命周期清单分析的发展相对比较完善。其中，生命周期清单分析方法包括制定数据收集规则、整理各工业清单内容、建立统计模型、用统计方法和输入输出法整理数据。由于有关 LCA 的基本原则（ISO 14040）和生命周期清单分析的标准（ISO 14041）已经基本成型，所以该研究理论方法趋于完善，侧重结合工业应用要求而对数据的规范化。生命周期影响评价是 LCA 中技术含量最高、难度最大，同时也是发展最不完善的一个技术环节。

生命周期影响评价方法研究包括指标体系研究（包括分类方法、表征方法研究）、结果解释及案例分析、结果的报告形式规范化，这是最容易引起争论的研究方向。国际上对环境影响评估（Impact Assessment）的实施提出了多种方法，如单位消耗的物质强度方法（MIPS）、CML 方法、环境分数方法（Eco-points）、生态指数方法（Eco-Indicator）和环境优先级方法（EPS）等。主要进展体现在系列环境损害类型的提出和寿命损害数学模型的建立，以及污染物对人体健康和生态系统毒性的衡量与确定。

2. 绿色建材认证制度

建材释放物对人体的影响早已引起各国科学家和政府的关注。早在 20 世纪 70 年代末，欧洲一些发达国家的科学家就着手研究建筑材料释放物对室内空气的影响及对人体健康的危害程度，并就建筑材料对室内空气的影响进行了全面系统的基础性研究工作。特别是"有病建筑综合症"的出现，促使人们开始重视建材对居室安全和人体健康的影响，并由此提出了建材"健康化"的建议，并推出了环保标志。国外发达国家为促进绿色建材的发展，都是从制定、实施建材产品"绿色"标志认证制度入手。

（四）国内绿色建筑材料的发展概况

国家环保总局根据环境保护的要求，于 1994 年在六类十八种产品中首先实行环境标志。我国的环境标志是 1993 年 10 月公布的。中国环境标志分为以下三种类型：1）十环标志 I 型：国家环保总局认证，具有权威性，申请该标志需要抽检建材的物理性能和环保性能，还有就是生产场地需要达到环保要求。十环标志 II 型（为企业自我声明标志）：申请企业出具建材的物理性能和环保性能检验报告的复印件，可以是委托检验报告。2）防火环保标志：中国第一个以建材防火与环保结合起来的标志，是现在市场上申请难度最大的标志。申请该标志，企业需要出具防火性能、环保性能、物理性能 3 份报告，必须是抽检，并且环保性能标准执行的是新的标准（高于国标要求），还要进行现场环保审查。3）

绿色建材产品证书：由中国建材市场协会认证，给企业发放铜牌和绿色建材产品证书，该协会为了规范建材市场，在不以营利为目的情况下开展工作，申请该证书的企业需要出具环保性能和物理性能检验报告，可以是委托检验报告。

1994 年 5 月 17 日中国环境标志产品认证委员会在国家相关政府部门的帮助和支持下，在北京宣告成立。

改革开放以来，我国的建材工业通过研究开发和引进国外先进技术获得了长足的发展。一些主要的建材产品的产量已跃居世界第一。特别是近些年来，随着我国经济社会的快速发展，人民生活水平日益提高，人们对住宅的质量与环保要求越来越高，使绿色建材的研究开发及使用越来越深入和广泛。

在北京、上海等地先后召开了绿色建材发展研究会，一些研究单位开始致力于绿色建材的研究和开发，取得了可喜的成果，如江苏某建材厂研究和开发成功的"无石棉粉煤灰硅酸钙建筑平板"和"可挠性纤维石膏板"通过了部级鉴定；某建材科学研究院利用稀土激活技术，研究成功保健抗菌材料和保健抗菌釉面砖，通过了技术鉴定，达到世界先进水平。

为加快绿色建材推广应用，规范绿色建材评价标识的管理工作，更好地支撑绿色建筑发展，2014 年 5 月 21 日，住房和城乡建设部、工业和信息化部联合出台《绿色建材评价标识管理办法》（以下简称《办法》），共同负责全国绿色建材评价标识（以下简称"评价标识"）的监督管理，并指导全国各地开展评价标识工作。

《绿色建材评价标识管理办法》指出，组织开展评价标识工作，应遵循企业自愿的原则，坚持科学、公开、公平和公正。《办法》中所称绿色建材评价标识，是指依据绿色建材评价技术要求，按照《办法》确定的程序和要求，对申请开展评价的建材产品进行评价，确认其等级并进行信息性标识的活动。

《办法》规定，标识包括证书和标志，具有可追溯性。标识由住房和城乡建设部、工业和信息化部共同制定，标识等级依据技术要求和评价结果，由低到高共分为：一星级、二星级和三星级。标识有效期为 3 年，有效期届满 6 个月前可申请延期复评。《办法》同时规定，住房和城乡建设部、工业和信息化部负责三星级的评价标识管理工作。省级住房和城乡建设主管部门、工业和信息化主管部门负责本地区一星级、二星级的评价标识管理工作，负责在全国统一的信息发布平台上发布本地区一星级、二星级产品的评价结果与标识产品目录，省级主管部门可依据《办法》制定地区的管理办法和实施细则。

《办法》要求，由住房和城乡建设部、工业和信息化部制定绿色建材评价技术要求，建立全国统一的绿色建材标识产品信息发布平台，动态管理所有星级产品的评价结果与标识产品目录。同时规定，对出现影响环境的恶性事件和重大质量事故等 5 种重大问题情形的，撤销已授予标识，并通过信息发布平台向社会公布；被撤销标识的企业，自撤销之日起 2 年内不得再次申请标识。《办法》指出，绿色建筑、绿色生态城区、政府投资和使用财政资金的建设项目，应当使用获得评价标识的绿色建材。同时明确指出，鼓励新建、改（扩）建的建设项目优先使用获得评价标识的绿色建材。

二、工程项目绿色施工

（一）绿色施工的定义

"绿色"一词强调的是对原生态的保护，其实质是为了有效保护人类生存环境和促进经济社会可持续发展。对于工程施工而言，在施工过程中要注重保护生态环境，关注节约与充分利用资源，贯彻以人为本的理念，行业的发展才具有可持续性。绿色施工强调对资源的节约和对环境污染的控制，是根据我国可持续发展战略对工程施工提出的重大举措，具有战略意义。

关于绿色施工，具有代表性的定义主要有如下几种：

住房和城乡建设部发布的《绿色施工导则》中将绿色施工定义为"工程建设中，在保证质量、安全等基本要求的前提下，通过科学管理和技术进步，最大限度地节约资源与减少对环境负面影响的施工活动，实现四节一环保（节能、节地、节水、节材和环境保护）"。

北京市建设委员会与北京市质量技术监督局联合发布的《绿色施工管理规程》DB11/513-2008 中，绿色施工定义为"建设工程施工阶段严格按照建设工程规划、设计要求，通过建立管理体系和管理制度，采取有效的技术措施，全面贯彻落实国家关于资源节约和环境保护的政策，最大限度节约资源，减少能源消耗，降低施工活动对环境造成的不利影响，提高施工人员的职业健康安全水平，保护施工人员的安全与健康"。

《绿色奥运建筑评估体系》认为，绿色施工是"通过切实有效的管理制度和工作制度，最大限度地减少施工活动对环境的不利影响，减少资源与能源的消耗，实现可持续发展的施工技术"。

以上关于绿色施工的定义，尽管说法有所不同，文字表述有繁有简，但本质意义是完全相同的，基本内容具有相似性，其推进目的具有一致性，即都是为了节约资源和保护环境，实现国家、社会和行业的可持续发展。从不同层面丰富了绿色施工的内涵。另外，对绿色施工定义表述的多样性也说明了绿色施工本身是一个复杂的系统工程，难以用一个定义全面展现其丰富内容。

综上所述，绿色施工的本质含义包含如下方面：

（1）绿色施工以可持续发展为指导思想。绿色施工正是在人类日益重视可持续发展的基础上提出的，无论节约资源还是保护环境都是以实现可持续发展为根本目的，因此绿色施工的根本指导思想就是可持续发展。

（2）绿色施工的实现途径是绿色施工技术的应用和绿色施工管理的进步。绿色施工必须依托相应的技术和组织管理手段来实现。与传统施工技术相比，绿色施工技术有利于节约资源和保护环境技术的改进，是实现绿色施工的技术保障。而绿色施工的组织、策划、实施、评价及控制等管理活动，是绿色施工的管理保障。

（3）绿色施工是追求尽可能减少资源消耗和保护环境的工程建设生产活动，这是绿色施工区别于传统施工的根本特征。绿色施工倡导施工活动以节约资源和保护环境为前提，要求施工活动有利于经济社会可持续发展，体现了绿色施工的本质特征与核心内容。

（4）绿色施工强调的重点是使施工作业对现场周边环境的负面影响最小，污染物和废弃物排放（如扬尘、噪声等）最小，对有限资源的保护和利用最有效，它是实现工程施工升级和更新换代的方法与模式。

（二）绿色施工与传统施工的关系

施工是指具备相应资质的工程承包企业，通过管理和技术手段，配置一定资源，按照设计文件（如施工图），为实现合同目标在工程现场所进行的各种生产活动。绿色施工基于可持续发展思想，以节约资源、减少污染排放和保护环境为典型特征，是对传统施工模式的创新。无论哪种施工方式，都包含以下基本要素：对象、资源、方法和目标。

绿色施工与传统施工在许多要素方面是相同的：一是有相同的对象——工程项目，即无论哪种施工方式，都是工程项目建设任务；二是配置相同的资源——人、设备、材料等；相同的实现方法——工程管理与工程技术方法。绿色施工的本质特征还是施工，因此必然带有传统施工的固有特点。

二者的不同点主要表现在如下两个方面：

（1）绿色施工与传统施工的最大不同在于施工目标。不同的经济体制决定了工程施工不同的目标要求，如在计划经济时代，施工主要为了满足质量与安全的要求，尽可能保证工期，经济要求服从计划安排。改革开放后，市场经济体制逐步建立，工程施工由建筑产品生产转化为建筑商品生产；施工企业开始追求经济利益最大化的目标，工程项目施工目标控制增加了工程成本控制的要求。因此，施工企业为了赢得市场竞争，必须要对工程质量、安全文明、工期等目标高度重视。为了在市场环境下求得发展，也必须在工程项目实施中实现尽可能多的盈利，这是在市场经济条件下施工企业必须面对的现实问题，相对计划经济体制工程施工增加了成本控制的目标。绿色施工要求施工要以保护环境和国家资源为前提。最大限度实现资源节约，工程项目施工目标在保证安全文明、工程质量、施工工期以及成本控制的基础上，增加以资源环境保护为核心内容的绿色施工目标，这也顺应了可持续发展的时代要求。工程施工控制目标数量的增加，不仅增加了施工过程技术方法选择和管理的难度，也直接导致了施工成本的增加，造成了工程项目控制困难的加大。而且环境和资源保护方面的工作做得越多越好，成本增加可能越多，施工企业面临的亏损压力就会越大。

（2）需要特别强调的是绿色施工与传统施工中的"节约"是不同的。根据《绿色施工导则》的界定，绿色施工的落脚点在于实现"四节一环保"，这种"节约"有着特别的含义，与传统意义的"节约"的区别表现为：1）出发点（动机）不同：绿色施工强调的是在环境保护前提下的节约资源，而不是单纯追求经济效益的最大化。2）着眼点（角度）不同：绿色施工强调的是以"节能、节材、节水、节地"为目标的"四节"，所侧重的是对资源的保护与高效利用，而不是从降低成本的角度出发。3）落脚点（效果）不同：

绿色施工往往会造成施工成本的增加，其落脚点是环境效益最大化，需要在施工过程中增加对国家稀缺资源保护的措施，需要投入一定的绿色施工措施费。4）效益观不同：绿色施工虽然可能导致施工成本增大，但从长远来看，将使得国家或相关地区的整体效益增加，社会和环境效益改善。可见，绿色施工所强调的"四节"并非以施工企业的"经济效益最大化"为基础，而是强调在环境和资源保护前提下的"四节"，是强调以可持续发展为目标的"四节"。因此，符合绿色施工做法的"四节"，对于项目成本控制而言，往往会造成施工成本的增加。但是，这种企业效益的"小损失"，换来的却是国家整体环境治理的"大收益"。

（三）绿色施工在建筑全生命周期中的地位

建筑全生命周期，是指包括原材料获取，建筑材料生产与建筑构配件加工，现场施工安装，建筑物运行维护以及建筑物最终拆除处置等建筑生命的全部过程。建筑生命周期的各个阶段都是在资源和能源的支撑下完成的，并向环境系统排放物质。

建筑生命周期不同阶段的主要环境影响有所不同，见表2-1。

建筑生命周期各阶段主要环境影响 表 2-1

阶段	主要生产过程	环境影响	能源要求
原料开采	骨料 填充材料 矿石 黏土 石灰石 木材 ……	排放（空气、谁、土壤污染） 噪声 粉尘 土地利用 毁林 ……	采取机械运行 破碎 运输 ……
建材生产及建筑构配件加工	金属 水泥 塑料 砖 玻璃 涂料 ……	资源消耗 排放（空气、水、土壤污染） ……	高温工艺 机器运行 运输 ……
建筑施工	工地准备 结构工程 安装工程 装修 ……	粉尘 烟气 溢漏 噪声 废弃物 ……	非道路车辆使用 材料搬运和提升机械 施工切割机具 施工现场照明
使用与维护	建筑物	废水 下水 排水 ……	采暖 冷却 照明 维护
拆除	拆除	废弃物 粉尘 ……	装置和机械 运输 ……

　　施工阶段是建筑全生命周期中的阶段之一，属于建筑产品的物化过程。从建筑全生命周期的视角，我们能更完整地看到绿色施工在整个建筑生命周期环境影响中的地位和作用：

　　（1）绿色施工有助于减少施工阶段对环境的污染

　　相比于建筑产品几十年甚至几百年运行阶段的能耗总量而言，施工阶段的能耗总量也许并不突出，但施工阶段能耗却较为集中，同时产生了大量的粉尘、噪声、固体废弃物、水消耗、土地占用等多种环境影响，对现场和周围人们的生活和工作有更加明显的影响。施工阶段环境影响在数量上并不一定是最多的阶段，但具有类型多、影响集中、程度深等特点，是人们感受最突出的阶段。绿色施工通过控制各种环境影响，节约资源能源，能有效减少各类污染物的产生，减少对周围人群的负面影响，取得突出的环境效益和社会效益。

　　（2）绿色施工有助于改善建筑全生命周期的绿色性能

　　毋庸置疑，规划设计阶段对建筑物整个生命周期的使用功能、环境影响和费用影响最为深远。然而规划设计的目的是在施工阶段来落实的，施工阶段是建筑物的生成阶段，其工程质量影响着建筑运行时期的功能、成本和环境影响。绿色施工的基础质量保证，有助于延长建筑物的使用寿命，实质上提升了资源利用效率。绿色施工是在保障工程安全质量的基础上保护环境、节约资源，其对环境的保护将带来长远的环境效益，有力促进了社会的可持续发展。评价和选用绿色性能相对较好的建筑材料、施工机具和楼宇设备是绿色施工的需要，对绿色建筑的实现具有重要作用。可见，推进绿色施工不仅能够减少施工阶段的环境负面影响，还可为绿色建筑形成提供重要支撑，为社会的可持续发展提供保障。

（四）绿色施工的任务

　　施工企业的最高管理层应制定本企业的绿色施工管理方针，在工程项目建设中实施绿色施工，将绿色施工的理念、思想和方法贯穿于工程施工的全过程，确保施工过程能更好地提高资源利用效率和保护环境。

1. 管理方针

　　（1）绿色施工应遵守现行法律、法规和合同承诺，满足顾客及其他相关方的要求，持续改进，实现绿色施工承诺。

　　（2）绿色施工的管理方针应适应施工的特点和本单位的实际情况。

　　（3）绿色施工管理方针能为制定管理目标和指标提供总体要求。

　　（4）方针的制定过程中应以文件、会议、网络等方式与员工协商，形成正式文件并予以发布。

　　（5）通过网站、墙报、会议等多种形式进行广泛宣传，传达到全体员工和关联方。

　　（6）付诸实施，并根据情况的变化进行评审与更新。

2. 明确目标

　　工程项目要在绿色施工管理方针的指导下，根据企业和项目实际情况，制定具体绿色施工目标，明确绿色施工任务，进行绿色施工策划、实施、控制与评价。通过对施工策划、材料采购、现场施工、工程验收等各关键环节加强控制，实现绿色施工目标和任务。

3. 主要任务

《绿色施工导则》中构建的绿色施工总体框架阐明了绿色施工的主要任务，即由施工管理、环境保护、节材与材料资源利用、节水与水资源利用、节能与能源利用、节地与施工用地保护六个方面组成，如图 2-1 所示。这六个方面涵盖了绿色施工的基本内容，同时包含了施工策划、材料采购、现场施工、工程验收等各阶段指标。绿色施工管理运行体系包括绿色施工策划、绿色施工实施、绿色施工评价等环节，其内容涵盖绿色施工的组织管理、规划管理、实施管理、评价管理和人员安全与健康管理等多个方面。

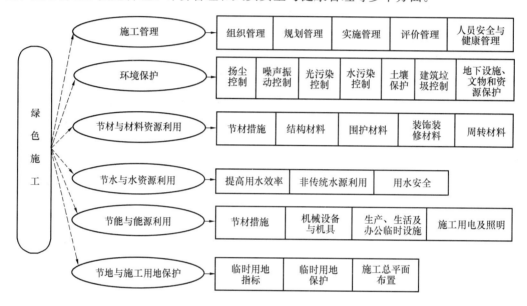

图 2-1　绿色施工总体框架

（五）绿色施工策划

绿色施工策划主要是在明确绿色施工目标和任务的基础上，进行绿色施工组织管理和绿色施工方案的策划。绿色施工策划是工程项目推进绿色施工的关键环节，工程施工项目部应全力认真做好绿色施工策划。工程项目策划应通过工程项目策划书体现，是指导工程项目施工的纲领性文件之一。

绿色施工策划应体现"5W2H"的指导原则，5W2H 分析法又叫七何分析法，在二战中由美国陆军兵器修理部首创。该方法简单、方便，易于理解、使用，富有启发意义，广泛用于企业管理和技术活动，非常有助于决策和计划制订，也有助于弥补考虑问题的疏漏。

"5W2H"的基本内容如下：

（1）WHAT——是什么？目的是什么？做什么工作？

（2）HOW——怎么做？如何提高效率？如何实施？方法怎样？

（3）WHY——为什么？为什么要这么做？理由何在？原因是什么？造成这样的原因是什么？

（4）WHEN——何时？什么时间完成了什么时机最适宜？

（5）WHERE——何处？在哪里做？从哪里入手？

（6）WHO——谁？由谁来承担？谁来完成了谁负责？

（7）HOW MUCH——多少？做到什么程度？数量如何？质量水平如何？费用产出如何？

应用"5W2H"的方法开展绿色施工策划，可以有效保障策划方案能够从多个维度保障绿色施工的落实。

工程项目绿色施工策划可通过《工程项目绿色施工组织设计》、《工程项目绿色施工方案》或者《工程项目绿色施工专项方案》代替。在内容上应包括绿色施工的管理目标、责任分工体系、绿色施工实施方案和绿色施工措施等基本内容。

在编写绿色施工专项方案时，应在施工组织设计中独立成章，并按有关规定进行审批。绿色施工专项方案应包括但不限于以下内容：

（1）工程项目绿色施工概况；

（2）工程项目绿色施工目标；

（3）工程项目绿色施工组织体系和岗位责任分工；

（4）工程项目绿色施工要素分析及绿色施工评价方案；

（5）各分部分项工程绿色施工要点；

（6）工程机械设备及建材绿色性能评价及选用方案；

（7）绿色施工保证措施等。

在编写绿色施工组织设计时，应按现行工程项目施工组织设计编写要求，将绿色施工的要求融入相关章节，形成工程项目绿色施工的系统性文件，按正常程序组织审批和实施。

【案例选编】 全国建筑业绿色施工示范工程绿色施工实施规划方案

一、编制说明

为贯彻"以资源高效利用为核心，以环保优先为原则"的指导思想，追求高效、低耗、环保、统筹兼顾，实现经济、社会、环保（生态）综合效益最大化的绿色低碳施工模式，我公司本着绿色施工的指导思想，精心打造集环保与科技于一体的精品绿色建筑。

二、编制依据

1. 施工图纸；

2. 施工组织设计；

3. 建筑及结构施工图纸会审；

4. 国家相关的法律、法规及标准规范；

5. 地方标准、法规及相关文件等。

三、工程概况

1. 工程名称（略）

2. 工程地点（略）

3. 建设单位（略）

4. 设计单位（略）

5. 勘察单位（略）

6. 监理单位（略）

7. 施工单位（略）

8. 工程规模：618 地块占地面积 18437m²，总建筑面积 190339m²，地下建筑面积 61277m²，地上建筑面积：129062m²，其中 1 号公寓楼建筑面积 76109m²，2 号办公楼建筑面积 52953m²。地下层数：4 层，筏形基础顶标高－19.3m。地上建筑分为 1 号公寓楼、2 号办公楼及裙房塔楼两个单体，1 号公寓楼共 53 层，建筑高度 226m；2 号办公楼共 30 层；建筑高度 160m。623 地块占地面积 10302m²，总建筑面积 41332m²，地下建筑面积 30000m²，地上建筑面积：11332m²，建筑高度：22m，地下层数：4 层，筏形基础顶标高－19.3m。地上建筑为 3 层文化中心。

9. 工程主要功能

公寓、办公、商业；地下主要功能为商业、汽车库、自行车库、设备用房、库房、人防地下室等。

10. 效果图（略）

四、总平面布置

1. 总平面布置原则

施工总平面布置合理与否，将直接关系施工进度的快慢和安全文明施工管理水平的高低，为保证现场施工顺利进行，具体的施工平面布置原则见表 2-2：

施工平面布置原则 表 2-2

序号	原则	内 容
1	平面分区	办公生活区、加工区和施工区分开布置
2	立体分段	进度分为基坑支护、土方、地下室、地上、装修等阶段
3	集中管理	场地由总包单位统一规划，统一协调和管理
4	合理高效利用	充分利用现有的施工场地，紧凑有序。施工设备和材料堆场按照"就近堆放"和"及时周转"的原则，既尽量布置在塔式起重机覆盖范围内，同时考虑到交通运输的便利，尽量减少材料场内二次搬运
5	安全文明施工	现场布置符合当地绿色施工安全文明施工技术规范要求；尽量避免对周围环境的干扰和影响；尽可能减少临时建设投资
6	主要工序优先	在平面交通上，要尽量避免土建、安装及分包单位相互干扰；优先满足混凝土浇筑运输组织
7	道路畅通	保证场内交通运输畅通和人行通道的畅通
8	灵活机动	根据工序的插入及时合理地调整场地布置，满足施工需要

2. 总平面布置图（略）

五、绿色施工简介

1. 绿色施工原则

（1）绿色施工是指工程建设中，在保证质量、安全等基本要求的前提下，通过科学管理和技术进步，最大限度地节约资源并减少对环境负面影响的施工活动，实现"四节一环保"。

（2）绿色施工符合国家的法律、法规及相关的标准规范的要求，实现经济效益、社会效益和环境效益的统一。

（3）实施绿色施工，应依据因地制宜的原则，贯彻执行国家、行业和地方相关的技术经济政策。

（4）运用 ISO 14000 和 ISO·18000 管理体系，将绿色施工有关内容分解到管理体系目标中去，使绿色施工规范化、标准化。

（5）鼓励各地区开展绿色施工的政策与技术研究，发展绿色施工的新技术、新设备、新材料与新工艺，推行应用示范工程。

2. 总体方针

根据 ISO 14000 和 ISO 18000 管理体系的要求，把"预防、控制、监督和监测"这一环境管理基本思想贯穿于整个施工生产过程中，以"预防"为核心，以"控制"为手段，通过"监督"和"监测"不断发现问题，约束自身行为，调节自身活动，为实施环境持续改善，营造"绿色工地"取得依据。

3. 绿色施工思路

绿色施工总体框架由施工管理、环境保护、节材与材料资源利用、节水与水资源利用、节能与能源利用、节地与施工用地保护及职业健康与安全等几个方面组成。这些方面涵盖了绿色施工的基本指标，同时包含了施工策划、材料采购、现场施工、工程验收等各阶段的指标的子集。绿色施工流程如图 2-2 所示。

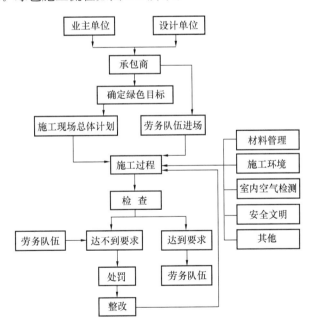

图 2-2　绿色施工流程图

4. 绿色施工目标

施工现场场界噪声要求：结构施工，昼间小于 70dB，夜间小于 55dB；装修施工，昼间小于 65dB，夜间小于 55dB。

扬尘控制：现场目视无扬尘，现场主要运输道路硬化率达到 100%，散状颗粒物 100% 覆盖，现场 100% 洒水降尘，现场设冲洗车槽。

污水排放：严格执行国家标准《污水综合排放标准》GB 8978 的规定。生活污水中的 COD 达标（300mg/L），现场四周设排水沟，在现场大门处设沉淀池，生活区设化粪池，食堂设隔油池。

无线电干扰：现场通信使用经无线电管理部门备案的低频无线对讲机，在指定的频段内使用，避免对讲机对无线电通信造成干扰。

废弃物管理：加强建筑垃圾的回收再利用，力争建筑垃圾的再利用和回收率达到 30%；建筑物拆除产生的废弃物的再利用和回收率大于 40%。对于碎石类、土石方类建筑垃圾，采用地基填埋、铺路等方式提高再利用率，力争再利用率大于 50%；回收利用率计算方法：可再利用材料与可再循环材料的实际回收质量之和/可再利用材料与可再循环材料的可回收总质量之和×100%。分类管理，合理处置各类废弃物，将有毒有害物回收率控制为 100%。

室内环境控制：从结构施工阶段到装饰装修阶段，装饰装修原材料应选择经过法定检测单位检测合格的建筑材料并严格控制各项原材料中有害物质、放射性物质的含量。可再利用材料建议达到 5%（新建筑中旧建筑材料的使用）。

其他：对于有毒有害废弃物如电池、墨盒、油漆、涂料等应回收后交有资质的单位处理，不能作为建筑垃圾外运；废旧电池要回收，在领取新电池时交回旧电池，最后由项目部统一移交公司处理，避免污染土壤和地下水。

施工现场夜间照明不产生光污染。制定节水、节电等措施，节约资源。

5. 绿色施工总体框架

绿色施工总体框架由施工管理、环境保护、节材与材料资源利用、节水与水资源利用、节能与能源利用、节地与施工用地保护六个方面组成，如图 2-3 所示。这六个方面涵盖了绿色施工的基本指标，同时包含了施工策划、材料采购、现场施工、工程验收等各阶段的指标的子集。

六、绿色施工管理体系

1. 组织管理体系

根据《环境管理体系　要求及使用指南》GB/T 24001 及《绿色建筑评价标准》GB/T 50378，建立项目绿色施工体系，明确体系中各岗位的职责和权限，建立并保持一套工作程序、制度。

（1）项目经理为绿色施工第一责任人，负责绿色施工的组织实施及目标实现，并指定绿色施工管理人员和监督人员。

（2）项目总工对绿色施工要素、绿色施工方案负责。

（3）项目生产经理、项目安全总监对施工现场绿色施工措施具体实施负责。

（4）项目安全部为施工现场绿色施工体系运行的主管部门。

（5）项目各职能部门和各专业分包单位是绿色施工措施的执行者，负责各施工区域内绿色施工措施的落实和具体管理工作。

（6）成立场容清洁小组，负责场内外的清理、保洁、洒水降尘等工作。

2. 绿色施工体系的运行

该项目绿色施工体系运行模式将公司的活动分为四个阶段：规划（PLAN）、实施（DO）、检验（CHECK）、改进（ACTION）。（图 2-4）。

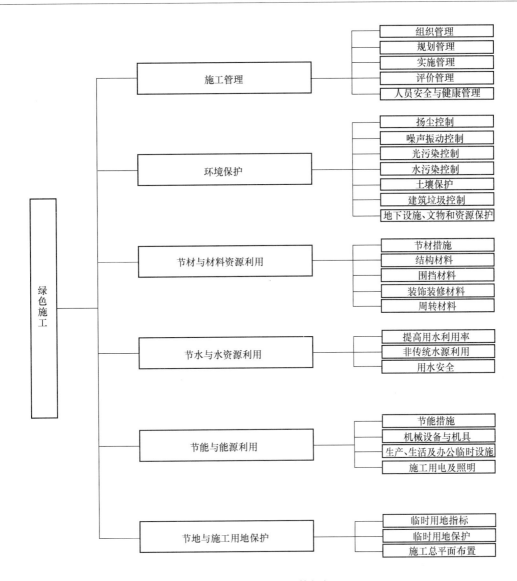

图 2-3　绿色施工总体框架

七、绿色文明施工要点

1. 制度管理

（1）由项目经理负责，对施工现场按照各劳务队伍、分包单位的作业范围划分环保责任区，并和各区域负责单位签订绿色施工环保责任书，明确职责和违约责任。

（2）按照责任书的范围，项目综合办会同项目安全部负责对各施工区域、生活区域进行定期（每周）的绿色施工检查，发现不符合规定的地方，提出整改意见，并填写"隐患通知单"下发；发现严重不符合的情况，立即汇报给项目部，会同技术人员提出整改方案下发。

（3）各劳务队伍抽调一定数量的专职绿色施工人员，组成专职绿色施工队伍，负责对现场进行日常的清洁、整理、检查、纠正等工作。

（4）每周召开一次"施工现场安全文明施工和绿色施工工作例会"，项目各相关职能

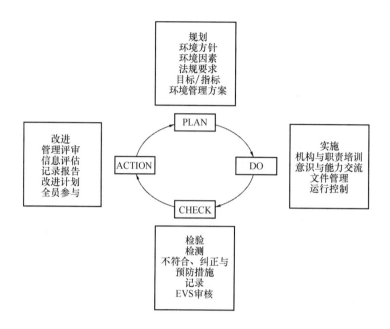

图 2-4　绿色施工体系 PDCA 循环模式图

部门及各劳务队伍、分包单位负责人参加，总结环保管理实施情况，对于安全部提出的"隐患通知单"、"整改方案"，定时、定人落实完成，由项目部进行监督。

2. 规划管理

编制绿色施工方案，绿色施工方案应包括以下内容：

（1）环境保护措施，制定环境管理计划及应急救援预案，采取有效措施，降低环境负荷，保护地下设施和文物等资源。

（2）节材措施，在保证工程安全与质量的前提下，制定节材措施。如进行施工方案的节材优化，建筑垃圾减量化，尽量利用可循环材料等。

（3）节水措施，根据工程所在地的水资源状况，制定节水措施。

（4）节能措施，进行施工节能策划，确定目标，制定节能措施。

（5）节地与施工用地保护措施，制定临时用地指标、施工总平面布置规划及临时用地节地措施等。

3. 实施管理

（1）绿色施工对整个施工过程实施动态管理，加强对施工策划、施工准备、材料采购、现场施工、工程验收等各阶段的管理和监督。

（2）结合工程项目的特点，有针对性地对绿色施工作相应的宣传，通过宣传营造绿色施工的氛围。

（3）定期对职工进行绿色施工知识培训，增强职工绿色施工意识。

4. 评价管理

（1）对绿色施工的效果及采用的新技术、新设备、新材料与新工艺，进行自评估。

（2）成立专家评估小组，对绿色施工方案、实施过程至项目竣工，进行综合评估。

"四新"施工评价表见表 2-3，工程现场绿色施工评价表见表 2-4。

"四新"施工评价表　　　　　　　　　　表 2-3

序号	考评项目	考评内容	标准分	存在问题	实得分
1	新技术				
2	新设备				
3	新材料				
4	新工艺				
合计					
评价意见					
评价结论	签字： 　　年　月　日				

注：1. 本表由项目经理组织生产、技术、质量、安全相关部门参与；
　　2. 评价结论由其分管经理签署，并交资料室备案。

工程现场绿色施工评价表　　　　　　　表 2-4

序号	考评项目	考评内容	标准分	存在问题	实得分
1	扬尘				
2	噪声				
3	光污染				
4	水污染				
5	土壤保护				
6	建筑垃圾				
7	节材				
8	节能				
9	节水				
10	其他				
合计					
评价意见					
评价结论	签字： 　　年　月　日				

注：1. 本表由项目经理组织生产、技术、质量、安全相关部门参与；
　　2. 评价结论由其分管经理签署，并交资料室备案。

5. 人员安全与健康管理

(1) 项目部制定施工防尘、防毒、防辐射等职业危害的措施，保障施工人员的长期职业健康。

(2) 合理布置施工场地，保护生活及办公区不受施工活动的有害影响。施工现场建立卫生急救、保健防疫制度，在安全事故和疾病疫情出现时提供及时救助。

（3）提供卫生、健康的工作与生活环境，加强对施工人员的住宿、膳食、饮用水等生活与环境卫生的管理，改善施工人员的生活条件。

八、环境保护技术要点

1. 土壤侵蚀控制措施

（1）保护好施工现场周围的树木、绿化，防止损坏，及时补救施工活动中人为破坏植被和地貌所造成的土壤侵蚀。在工地门口、办公室门前及临时道路两侧种植抓地力强、生命力强的草皮。

（2）所有用油设备下方设置接油盘，如图 2-5 所示，油品回收再利用，防止油品污染土地。

图 2-5　钢制接油盘

（3）禁止将有毒有害废弃物用于土方回填，以免污染地下水和环境。用密目网覆盖土方，如图 2-6 所示。

图 2-6　密目网覆盖土方

（4）分阶段对现场施工主干道和辅助道路进行动态管理，行车道和人行道设置隔离绿化带。

2. 空气污染控制措施

（1）土方、砂石料等散装物品车辆全封闭运输，尽量防止运输车辆将混凝土、石渣、钻渣等撒落在施工道路上。发现污染后立即派人清扫干净。

（2）办公区、生活区、施工区及道路采用混凝土硬化，路面进行日常洒水，并设置排水沟。施工现场道路硬化如图 2-7 所示。

图 2-7　施工现场道路硬化

（3）在厕所附近设置化粪池，污水均排入化粪池，清洁车每天对化粪池进行抽水处理，防止时间过长所引起的大气污染。

3. 污染过程控制措施

（1）原材料控制

建筑、装饰材料的选用要符合国家规定的室内装饰装修材料相关标准的要求。在施工前，分包商应将所使用的主要材料，经国家有关环保部门检测、签字后的材料清单报送总承包商，经认可后方可使用。在材料进场时，总承包商对材料的检测报告进行书面和实物审核，不符合标准的材料不得投入使用，必须立即退场。如临时存放时，必须予以标示，以防错用。

（2）装饰装修材料使用绿色环保材料

施工过程中，严格按照有关绿色建材的要求，使用建材必须符合国家标准《室内装饰装修材料　人造板及其制品中甲醛释放限量》GB 18580～《混凝土外加剂中释放氨的限量》GB 18588 和《建筑材料放射性核素限量》GB 6566 的要求。使用绿色环保材料，我公司已经与很多通过环保认证的材料供应厂家建立了供货关系，在施工时，特别注意控制材料的环保。材料环保检测按国家标准执行，所有材料均有检验报告。

建筑材料中有害物质含量控制标准按表 2-5 执行。

建筑材料中有害物质含量控制标准　　　　　　　　　　　　　　　表 2-5

项　　目		限量值
挥发性有机化合物（VOC）（g/L）		≤200
游离甲醛（g/kg）		≤0.1
重金属（mg/kg）	可溶性铅	≤90
	可溶性镉	≤75
	可溶性铬	≤60
	可溶性汞	≤60

（3）对不同的装饰装修做法进行分类管理

分包商对不同的装饰装修做法进行分类管理控制，减少污染。基本要求：在使用含有不同有害物质材料的施工区域之间进行分区隔离。

在油漆过程中，在保证完全干透的情况下，再进行下一遍工序。避免上一道油漆中的有害物质（VOC）被罩住，长期缓慢释放污染环境。

内装修施工时，不得在楼内存放稀释剂、溶剂、涂料、油漆等含有挥发性有害物质的材料。以上材料使用后，立即封闭处理，废料及时清出室内。

严禁在室内用有机溶剂清洗施工用具。

4．扬尘控制

（1）根据《××市建设工程施工现场环境保护标准》DBJ 01—83，从事土方、渣土和施工垃圾的运输，必须使用密闭式运输车辆。施工现场出入口处应设置洗车池和洗车台，如图 2-8、图 2-9 所示，出场时必须将车辆清理干净，不得将泥沙带出现场。

图 2-8　现场洗车池　　　　　　　　　　图 2-9　现场洗车台

渣土运输必须办理"市流体散装货物运输车辆准运证"和"市渣土消纳许可证"并使用符合要求的密闭的绿标车运输。

（2）土方作业阶段，采取洒水、覆盖等措施，达到作业区目测扬尘高度小于 1.5m，不扩散到场区外。

（3）结构施工、安装装饰装修阶段，作业区目测扬尘高度小于 0.5m。对易产生扬尘的堆放材料应采取覆盖措施；对粉末状材料应封闭存放；场区内可能引起扬尘的材料及建筑垃圾搬运应有降尘措施，如覆盖、洒水等；浇筑混凝土前清理灰尘和垃圾时尽量使用吸尘器，避免使用吹风器等易产生扬尘的设备；机械剔凿作业时可用局部遮挡、掩盖、水淋等防护措施；多层建筑清理垃圾应搭设封闭性临时专用道或采用容器吊运。

（4）施工现场非作业区达到目测无扬尘的要求。对现场易飞扬物质采取有效措施，如洒水、地面硬化、围挡、密网覆盖、封闭等，防止扬尘产生。

（5）在场界四周隔挡高度位置测得的大气总悬浮颗粒物（TSP）月平均浓度与城市背景值的差值不大于 0.08mg/m³。

（6）施工现场使用预拌混凝土应按照市有关规定执行，对工程浇筑剩余的预拌混凝土要进行妥善再利用，严禁随意丢弃。按照市建设委员会、规划委员会发布的《关于本市建设工程中进一步禁止现场搅拌砂浆的通知》规定，中心城区、市经济技术开发区的施工现场，禁止现场搅拌砂浆。

5. 噪声与振动控制

（1）噪声排放标准

不同施工阶段作业噪声限值不得超过下表 2-6 的要求。

不同施工阶段作业噪声限值　　　　　　　表 2-6

施工阶段	主要噪声源	噪声限制（dB）	
		昼间	夜间
土石方	推土机、挖掘机、装载机等	75	55
打桩	各种打桩机等	85	禁止施工
结构	地泵、振动棒、电锯等	70	55
装饰装修	起重机、升降机	60	55

（2）噪声污染控制具体要求

1）现场噪声排放不得超过国家标准《建筑施工场界环境噪声排放标准》GB 12523—2011 的规定。

2）在施工场界对噪声进行实时监测与控制。监测方法执行国家标准《建筑施工场界环境噪声排放标准》GB 12523—2011。

3）使用低噪声、低振动的机具，采取隔声与隔振措施，避免或减少施工噪声和振动。

4）现场地泵周围采用模板搭设隔声棚，如图 2-10 所示，以防噪声扩散。

5）合理安排施工工序，尽量将噪声大的工序安排在早 7 点～晚 10 点的时间段内，将噪声小、影响小的工序安排在夜间施工。

6）切割机必须加设防护罩，以防噪声扩散。

7）所有进场车辆不得乱鸣笛，如在夜间施工，严禁鸣笛。

6. 光污染控制

（1）尽量避免或减少施工过程中的光污染。夜间室外照明灯加设灯罩，如图 2-11 所示，透光方向集中在施工范围。

图 2-10　混凝土地泵隔声棚

图 2-11　照明灯加设灯罩

图 2-12　电焊遮挡栏

（2）电焊作业采取遮挡措施，避免电焊弧光外泄，如图 2-12 所示。

7. 水污染控制

（1）施工现场污水排放应达到《污水综合排放标准》GB 8978—1996 的要求。

（2）在施工现场应针对不同的污水，设置相应的处理设施，如沉淀池（图 2-13）、隔油池（图 2-14）、化粪池（图 2-15）等。沉淀池、隔油池采用二级处理，化粪池采用三级分段。

（3）污水排放应委托有资质的单位进行废水水质检测，提供相应的污水检测报告。

（4）保护地下水环境。采用隔水性能好的边坡支护技术。

（5）对于化学品等有毒材料、油料的储存地，应有严格的隔水层设计，施工现场杜绝出现渗漏现象。

图 2-13　沉淀池

图 2-14　隔油池

图 2-15　化粪池

8. 建筑垃圾控制

（1）制订建筑垃圾减量化计划，每 1 万 m² 的建筑垃圾不宜超过 400t。

（2）加强建筑垃圾的回收再利用，力争建筑垃圾的再利用和回收率达到 30%，对于碎石类、土石方类建筑垃圾，可采用地基填埋、铺路等方式提高再利用率，力争再利用率大于50%。

（3）施工现场生活区设置封闭式垃圾容器，施工场地生活垃圾实行袋装化，及时清运。对建筑垃圾进行分类，并收集到现场封闭式垃圾站，集中运出。

（4）施工固体废弃物控制：

1）塔式起重机基础是遗留在土地中的施工固体废弃物之一，本工程利用基础底板当做塔式起重机基础，节材节地。

2）建筑垃圾是主要的固体废弃物，其主要物质是：土、渣土、散落的砂浆和混凝土、剔凿产生的砖石和混凝土碎块、打桩截下的混凝土桩头、金属、竹木材、装饰装修产生的废料、各种包装材料和其他废弃物等。施工单位应将施工、拆除和场地清理产生的废弃物进行分类处理，将其中可直接再利用或可再生的材料进行分类回收，再利用。固体建筑垃圾分类堆放如图2-16所示。

图2-16 固体建筑垃圾分类堆放

（5）预计项目废弃物、处置方法及处理过程：

1）临建拆除阶段：

临建废弃物处置见表2-7。

临建拆除阶段临建废弃物处置 表2-7

序号	材料名称	处置方法	处理过程
1	门扇	临建	周转到其他项目，继续使用
2	门锁	临建	周转到其他项目，继续使用
3	窗框	临建	周转到其他项目，继续使用

2）施工阶段：

施工阶段废弃物处置见表2-8。

施工阶段临建废弃物处置 表2-8

序 号	材料名称	处置意向	处理过程
1	木架板	安全防护	—
2	混凝土	场地硬化	—
3	安全网	土方覆盖	—
4	对拉丝	下一项目	—
5	单面废纸	草稿纸	
6	塑料薄膜	混凝土养护	
7	钢管	临边防护	矫正
8	钢筋	马凳筋、临边防护	
9	方木	下一项目	

9. 地下设施、文物和资源保护

（1）施工前应调查清楚地下各种设施，做好保护计划，保证施工场地周边的各类管道、管线、建筑物、构筑物的安全运行。

（2）施工过程中一旦发现文物，立即停止施工，保护现场并通报文物部门且协助做好工作。

（3）避让、保护施工场区及周边的古树名木。

（4）逐步开展统计分析施工项目的二氧化碳排放量，以及各种不同植被的二氧化碳固定量的工作。

九、"四节"技术要点

1. 节约材料

（1）节材措施

1）图纸会审时，应审核节材与材料资源利用的相关内容，达到材料损耗率比定额损耗率降低30%。

2）根据施工进度、库存情况等合理安排材料的采购、进场时间和批次，减少库存。

3）现场材料堆放有序。储存环境适宜，措施得当。保管制度健全，责任落实。

4）材料运输工具适宜，装卸方法得当，防止损坏和遗洒。根据现场平面布置情况就近卸载，避免和减少二次搬运。大型钢板存放如图2-17所示。

图2-17 大型钢板的存放

5）采取技术和管理措施提高模板、脚手架等的周转次数。

6）优化安装工程的预留、预埋、管线路径等方案。

7）就地取材，施工现场500km以内生产的建筑材料用量占建筑材料总重量的70%以上。本工程所选用的钢筋以唐钢、承钢为主，占本工程钢筋用量的85%，主体结构商品混凝土为建工、中超商品混凝土。

8）液压爬模、集成式升降操作平台：

本工程1号公寓楼外筒采用集成式升降操作平台，具有安全、节省脚手架管及木脚手板的投入量及安全网投入、节约人力搭设等优点，为施工质量、工期及安全性提供有效保障，同时比传统吊模施工及传统爬架具有防火、安全等级高、无须更换安全密目网等优点，1.5h 完成提升，符合节能环保要求。

本工程 2 号办公楼内外筒采用液压爬升模板系统，具有施工方便、节约工期的优点。爬模系统同时具有整体临边防护的特点，节约脚手架管、木脚手板及安全网的投入，明显提高经济效益。

（2）结构材料

1）工程使用预拌混凝土和商品砂浆。准确计算采购数量、供应频率、施工速度等，在施工过程中动态控制。所用混凝土均加入粉煤灰。

2）本工程所有的钢筋在现场进行加工。

3）优化钢筋配料和钢构件下料方案。钢筋及钢结构制作前应对下料单及样品进行复核，无误后方可批量下料。

4）优化钢结构制作和安装方法。大型钢结构宜采用工厂制作，现场拼装；宜采用分段吊装、整体提升、滑移、顶升等安装方法，减少方案的措施用材量。

5）采取数字化技术，对大体积混凝土、大跨度结构等专项施工方案进行优化。

（3）围护材料

1）门窗、屋面、外墙等围护结构选用耐候性及耐久性良好的材料，施工确保密封性、防水性和保温隔热性。

2）门窗采用密封性、保温隔热性、隔声性良好的型材和玻璃等材料。

3）屋面材料、外墙材料具有良好的防水性能和保温隔热性能。

4）当屋面或墙体等部位采用基层加设保温隔热系统的方式施工时，选择高效节能、耐久性好的保温隔热材料，以减小保温隔热层的厚度及材料用量。

5）屋面或墙体等部位的保温隔热系统采用专用的配套材料，以加强各层次之间的粘结或连接强度，确保系统的安全性和耐久性。

6）根据建筑物的实际特点，优选屋面或外墙的保温隔热材料系统和施工方式，如保温板粘贴、保温板干挂、聚氨酯硬泡喷涂、保温浆料涂抹等，以保证保温隔热效果，并减少能源浪费。

7）加强保温隔热系统与围护结构的节点处理，尽量降低热桥效应。针对建筑物的不同部位的保温隔热特点，选用不同的保温隔热材料及系统，以做到经济适用。

（4）装饰装修材料

1）贴面类材料在施工前，进行总体排版策划，减少非整块材的数量。

2）采用非木质的新材料或人造板材代替木质板材。

3）防水卷材、壁纸、油漆及各类涂料基层必须符合要求，避免起皮、脱落。各类油漆及胶粘剂随用随开启，不用时及时封闭。

4）幕墙及各类预留、预埋应与结构施工同步。

5）木制品及木装饰用料、玻璃等各类板材等宜在工厂采购或定制。

6）采用自粘类片材，减少现场液态胶粘剂的使用量。

（5）周转材料

1）优先选用制作、安装、拆除一体化的专业队伍进行模板工程施工。

2）模板以节约自然资源为原则，推广使用定型钢模、铝合金模板、木胶板、钢木龙骨。

① 地下车库和地上部分结构采用大钢模，独立柱采用可调柱截面钢模，钢模板可周转使用 300 次以上，可有效节约木胶板和木方使用量，达到节材目的。定型钢模板如图 2-18 所示。

② 618-1 号楼核心筒和 618-2 号楼楼梯均采用铝合金模板施工，铝合金模板采用快拆体系，选配的支模体系不仅安全快捷，而且一套支撑体系可解决整栋楼不同层高的支撑问题，可减少支撑材料的支出；铝模板强度高，可周转使用 300 次以上，经济效益明显。铝合金模板及支撑体系如图 2-19 所示。

图 2-18   定型钢模板   图 2-19   铝合金模板及支撑体系

③ 梁板支撑采用碗扣式脚手架＋钢木龙骨＋木胶板支撑系统。钢木龙骨具有定型特点，现场无须二次加工，节约木料。所用材料均周转不低于 20 次。钢木龙骨和定型大钢模板采用租赁形式，工程结束后退还给租赁厂家，使所有钢木龙骨、木胶板回收利用率达到 95％。钢木龙骨如图 2-20 所示。

3）施工前对模板工程的方案进行优化。高层建筑使用可重复利用的模板体系，模板支撑宜采用工具式支撑。本工程梁板模板支撑全部采用多功能碗扣架。碗扣式脚手架＋钢木龙骨＋木胶板支撑系统如图 2-21 所示。

图 2-20   钢木龙骨   图 2-21   碗扣式脚手架＋钢木龙骨
＋木胶板支撑系统

4）优化外脚手架方案，采用爬模、爬架等方案。
本工程地下结构周围围护采用双排落地脚手架，地上结构 1 号楼采用爬架，2 号楼采用液压爬模。所有材料均采用租赁形式,提高材料利用率。

5)现场办公和生活用房采用周转式活动房。力争工地临时用房可重复使用率达到75%,周转投入下个建设工程中使用。

2. 节水与水资源利用

(1)提高水资源利用率

1)施工中采用先进的节水施工工艺。

2)施工现场喷洒路面、绿化浇灌不宜使用市政自来水。现场搅拌用水、养护用水应采取有效的节水措施,严禁无措施浇水养护混凝土。

3)现场混凝土结构采用人工喷水养护,喷水完毕后,用塑料膜将结构构件包裹,如图 2-22 所示,防止水分蒸发,达到节约用水、提高用水效率的目的。

图 2-22　混凝土柱喷水养护后用塑料膜包裹

4)施工现场供水管网应根据用水量设计布置,管径合理、管路简捷,采取有效措施减少管网和用水器具的漏损。

5)现场机具、设备、车辆冲洗用水必须设立循环用水装置。施工现场办公区、生活区的生活用水采用节水系统和节水器具,提高节水器具配置比率。项目临时用水应使用节水型产品,安装计量装置,采取针对性的节水措施。

6)施工现场建立可再利用水的收集处理系统,使水资源得到梯级循环利用。

7)施工现场分别对生活用水与工程用水确定用水定额指标,并分别计量管理。

8)大型工程的不同单项工程、不同标段、不同分包生活区,凡具备条件的应分别计量用水量。在签订不同标段分包或劳务合同时,将节水定额指标纳入合同条款,进行计量考核。

9)对混凝土搅拌站点等用水集中的区域和工艺点进行专项计量考核。施工现场建立雨水、中水或可再利用水的收集利用系统。

(2)非传统水源利用

1)优先采用中水搅拌、中水养护,有条件的地区和工程应收集雨水养护。

2)处于基坑降水阶段的工地,宜优先采用地下水作为消防用水、混凝土养护用水、冲洗用水和部分生活用水。

3)现场机具、设备、车辆冲洗、喷洒路面、绿化浇灌等用水,优先采用非传统水源,尽量不使用市政自来水。

4)大型施工现场,尤其是雨量充沛地区的大型施工现场建立雨水收集利用系统,充分收集自然降水用于施工和生活中适宜的部位。

5)力争施工中非传统水源和循环水的再利用量大于30%。

(3)用水安全

在非传统水源和现场循环再利用水的使用过程中,应制订有效的水质检测与卫生保障措施,确保避免对人体健康、工程质量以及周围环境产生不良影响。

3. 节能与能源利用

（1）节能措施

1）制订合理施工能耗指标，提高施工能源利用率。

2）优先使用国家、行业推荐的节能、高效、环保的施工设备和机具，如选用变频技术的节能施工设备等。

3）施工现场分别设定生产、生活、办公和施工设备的用电控制指标，定期进行计量、核算、对比分析，并有预防与纠正措施。

4）在施工组织设计中，合理安排施工顺序、工作面，以减少作业区域的机具数量，相邻作业区充分利用共有的机具资源。安排施工工艺时，应优先考虑耗用电能的或其他能耗较少的施工工艺。避免设备额定功率远大于使用功率或超负荷使用设备的现象。

5）根据当地气候和自然资源条件，充分利用太阳能、地热等可再生能源。

（2）机械设备与机具

1）建立施工机械设备管理制度，开展用电、用油计量，完善设备档案，及时做好维修保养工作，使机械设备保持低耗、高效的状态。

2）选择功率与负载相匹配的施工机械设备，避免大功率施工机械设备低负载长时间运行。机电安装可采用节电型机械设备，如逆变式电焊机和能耗低、效率高的手持电动工具等，以利节电。机械设备宜使用节能型油料添加剂，在可能的情况下，考虑回收利用，节约油量。

3）合理安排工序，提高各种机械的使用率和满载率，降低各种设备的单位耗能。

（3）生产、生活及办公临时设施

1）利用场地自然条件，合理设计生产、生活及办公临时设施的体形、朝向、间距和窗墙面积比，使其获得良好的日照、通风和采光。

2）临时设施宜采用节能材料，墙体、屋面使用隔热性能好的材料，减少夏天空调、冬天取暖设备的使用时间及耗能量。

3）规定合理的温度、湿度标准和使用时间，提高空调和采暖装置的运行效率，夏季室内空调温度设置不得低于 26℃，冬季室内空调温度设置不得高于 20℃，空调运行期间应关闭门窗。

4）室外照明宜采用高强度气体放电灯，办公室等场所宜采用细管荧光灯，生活区宜采用紧凑型荧光灯。在满足照度的前提下，办公室节能型照明器具功率密度值不得大于 $8W/m^2$，宿舍不得大于 $6W/m^2$，仓库不得大于 $5W/m^2$。

5）临时设施应按以下原则进行布置：

根据公司标准化图集的要求，对施工机械、生产生活临建、材料堆场等进行最优化的布置，以满足安全生产、文明施工、生产生活和环境保护的要求。

为了减少对周边居民正常工作、生活的影响和对环境的污染，根据 ISO 14000 国际环境管理体系标准合理布置现场施工道路及出入口，以利于车辆、机械设备的进出场和物资的运输，尽量减少对周边环境及噪声的污染。

对于生产场区的平面布置，本着动态管理的原则，分为地下结构施工阶段、地上结构施工阶段和装饰装修施工阶段三个不同时期进行管理，根据每个时期的现场情况、材料和设备的不同，合理调整加工场及堆场位置，避免二次搬运。

现场临时用电设计按"三级配电二级保护"的原则进行配置。现场施工用电按《施工现场临时用电安全技术规范》JGJ 46 合理布置。

（4）施工用电及照明

1）临时用电优先选用节能电线和节能灯具，临电线路合理设计、布置，临电设备宜采用自动控制装置。采用声控、光控等节能照明灯具。

2）照明设计以满足最低照度为原则，照度不应超过最低照度的 20％。控制灯罩角度，使光线照射范围在工地内，以增加照明设备利用率，如图 2-23 所示。

图 2-23　灯罩

4. 节约土地

（1）因本工程位于望京地区繁华地段，用地受限，其施工场地在有限的可用范围内布置合理，实施动态管理。其场内交通路线设计合理，施工现场临时道路布置应与原有及永久道路兼顾考虑，并充分利用拟建道路为施工服务。

（2）施工单位应充分了解施工现场及毗邻区域内的人文景观保护要求、工程地质情况及基础设施管线分布情况，制订相应的保护措施，并报请相关方核准。

（3）本工程基坑支护采用土钉墙支护技术，如图 2-24 所示，施工不需要单独占用地，防腐性能好，支护效果好，造价较低。并对深基坑施工方案进行优化，根据实际情况减少土方开挖和结构完成后的肥槽回填量。

图 2-24　土钉墙支护

（4）场内交通道路双车道宽度不大于 6m，单车道宽度不大于 3.5m，转弯半径不大于 15m，尽量形成环形通道。

（5）场内交通道路布置应满足各种车辆机具设备进出场和消防安全疏散要求，方便场内运输。

（6）施工总平面布置应充分利用和保护原有建筑物、构筑物、道路和管线等，职工宿舍应满足使用要求。

（7）临时办公和生活用房采用结构可靠的多层轻钢活动板房，拆卸方便，节能省材。

（8）现场围挡采用可拆卸活动式围挡。利用围挡宣传安全知识及现场注意事项，节约土地。

十、施工废弃物管理计划

1. 施工废弃物种类

施工、拆除和场地清理残骸是指在施工、拆除和场地清理过程中产生的无毒固体废弃物。废弃物可以被重选利用，再利用或者回收利用，其包括但是不限于如下的种类（有害垃圾及场地开挖土不计算在内）：a. 混凝土；b. 瓷砖产品；c. 碎石；d. 清洁填土；e. 金属；f. 木材产品，包括脚手板；g. 修剪后留下的植物和树干；h. 石膏吊顶板；i. 乳胶漆；j. 塑料膜；k. 玻璃；l. 绝缘产品。处理非上述类别的废弃物需要得到业主及专业工程师的同意和指导。

2. 施工废弃物储存

在施工场地内易到达处设中心废弃物存储区，并通过分类、再利用这些废弃物来避免垃圾填埋。存储区需采用收集器，收集器装满后，废弃物应经过称重记录后再运输到专业处理单位去。因此，中央存储区设有称重工具，并有防雨措施。

中央存储区分为不同区域，每个区域用来存储相应的废弃物，每个废弃物收集容器将贴上清楚醒目的标志，废弃物分区管理范例见表 2-9。

废弃物分区管理表格   表 2-9

大　类	面积（m²）	细　分
混凝土、砖、瓷砖、混凝料、清洁填土、干墙	30	混凝土 10m²； 砖和瓷砖 10m²； 混凝料及清洁填土 5m²； 干墙 5m²
模板、其他木材	20	木材及模板 20m²
钢筋及其他金属	15	钢材、钢筋 7m²； 铝制品 1m²； 铝制品 3m²； 铜制品 1m²； 铁制品 1m²； 其他 2m²
管材、其他塑料	15	PVC 管材及其他塑料制品 8m²； 保温材料、绝缘材料及其他发泡塑料制品 2m²

大　类	面积（m²）	细　分
纸、硬纸板	5	纸、硬纸板 5m²
玻璃、灯管	5	玻璃、灯管、灯具等 5m²
混合垃圾、场地清扫物	15	混合垃圾 10m²； 场地清扫物、锯末及其他碎片 5m²
油漆等有害废弃物	10	油漆 7m²； 易燃易爆物品 3m²
石膏墙等	5	石膏墙 5m²

施工现场设置废弃物临时堆放区，靠近方便将废弃物运出场地外的位置，并有防雨措施。施工现场各个废弃物收集容器盛满后，将由施工垃圾管理协调员将废弃物运送到临时存放区，每个临时存放区面积大约为 30m²，可根据需求设置临时存放的大小与位置。

3. 施工废弃物处理

施工废弃物回收策略如下。

（1）场地内回收再利用

混凝土、砖块作为回填的用途属于场地内回收再利用，本项目所占比例较少。但是利用废旧的钢筋焊接马凳、定位筋、连接件、电梯井防护，利用废旧木模板作为后浇带盖板等，节约了大量原材料。废旧多层板作为后浇带盖板如图 2-25 所示，利用短的废旧钢筋焊接马凳如图 2-26 所示。

图 2-25　废旧多层板作为后浇带盖板　　　　图 2-26　钢筋焊接马凳

（2）场地外回收再利用

主要指施工垃圾被专业的垃圾公司回收后，该公司通过专业工作流程，将建筑垃圾处理后作为新材料的原料。要求回收公司出具证明，澄清是如何处理本项目场地过去的施工垃圾的，回用的比例是多少等。

（3）产品材料供应商自回收其产品的包装

许多厂家 100% 回收其产品的包装，比如纸板、塑料等就直接由厂家回收，而不会成为施工垃圾。因此，要与产品供应商签订这样的合同，保证他们 100% 回收其产品包装。

4. 施工废弃物管理步骤

（1）从施工现场到临时存储区

在施工过程中，应始终清理工作范围内的施工垃圾。建筑的每层都应放置带轮子的塑料施工垃圾收集容器，具体个数根据实际需要而定。

"施工废弃物协调员"负责监督在他的工作范围内的施工垃圾。他负责安排人员将废弃物转移到临时存储区。并在临时存储区将废弃物初步分类为金属、硬固体、软固体和有毒废弃物。硬固体包括混凝土、砖、玻璃、瓷砖和干墙；软固体包括纸张、纸板和塑料。

（2）从临时存储区到中央存储区

临时存储区堆放满之后，所有废弃物用推车或铲车运输到废弃物中央存储区，在中央存储区的废弃物，严格按区域分类。运输工作由"施工废弃物协调员"负责领导。

（3）施工废弃物中央存储区的分类工作

每天有四大类的施工废弃物从临时存储区转运到中央存储区，分别是：金属、硬固体、软固体和有害垃圾。负责运输的工人将废弃物转运到中央存储区，负责分类的工人则应依据实际的废弃物分类要求，将废弃物严格分类存放在有明显说明和标志的中央存储区容器当中，并记录下这些废弃物的种类，写入日志中。中央存储区的分类记录工作需要"施工废弃物协调员"的全程监控和指导，每天日志必须由"施工废弃物协调员"签字。

（4）施工废弃物的外运

1）再循环、再利用的废弃物

当中央存储区垃圾容器满了之后，施工废弃物协调员联系签订合同的专业垃圾回收公司和机构来运输垃圾。过程由"施工废弃物协调员"监督、协助。垃圾回收公司和机构要出具收据作为记录。垃圾管理的报告中要包括垃圾运输的时间、数量及收据，及运输卡车司机的签名。关于运输费用及对专业垃圾回收公司支付或收取的费用详见与该公司的合同。

2）填埋的施工垃圾

在废弃物外运出场地的过程中，作为填埋废弃物的施工垃圾也要记录。专业资质运输公司将记录施工产生的垃圾量。详细的记录及支付给该公司的费用将在与该公司的合同中详细说明。

3）每周六的下午4点，施工清洁员负责施工场地清理。工人将巡视施工现场，将遗漏的施工废弃物运回中央存储区。

5. 废物回收、折价处理和再利用的费用

对于施工废弃物，应采取拆毁、废品折价处理和回收利用等措施，并保证提供废物回收、折价处理和再利用费用。固废分类处理，并且保证材料再利用、可再循环材料的回收利用比例不低于30%。计算方法为：可再利用可再循环材料的实际回收质量之和/可再利用可再循环材料的可回收总质量之和×100%。在施工过程中随时保存施工现场废弃物的回收利用记录。

（六）绿色施工措施

绿色施工的实施主体是施工单位，因此一般应在投标报价中体现绿色施工内容。施工活动是一种经济技术活动，只有经过全面策划、系统运作，绿色施工推进才有保障。

绿色施工措施应突出强调以下主要内容：

（1）明确和细化绿色施工目标，并将目标量化表达，如材料的节约比例、能耗降低比例等。

（2）在工程施工过程中突出绿色施工控制要点。

（3）明确实现绿色施工专项技术与管理内容具体保障措施，并应完整体现环境保护、节材、节水、节能、节地等专项内容的具体措施。

1. 环境保护措施

工程施工过程会对场地和周围环境造成影响，其主要影响类型有：植被破坏及水土流失，对水环境的影响，施工噪声的影响，施工扬尘和粉尘，机械车辆排放的有害气体和固体废弃物排放等。施工过程对环境的其他影响还包括泥浆污染、破坏物种多样性等多种。因此，绿色施工策划就需要针对各种环境污染制订施工各阶段的专项环境保护措施。

此处仅以某工程结构施工、安装及装饰装修阶段的施工现场扬尘控制为例来说明具体绿色施工方案的策划。该工程制订的扬尘控制措施有：

（1）作业区目测扬尘高度小于0.5m。

（2）主体及装修阶段对存放在现场的砂、石等易产生扬尘的材料设专用场区堆放，密目网覆盖，对水泥等材料在现场设置仓库存放并加以覆盖。水泥、砂石等可能引起扬尘的材料及建筑垃圾清运时应洒水并及时清扫现场。

（3）混凝土泵、砂浆搅拌机等设备搭设机篷。

（4）浇筑混凝土前清理模板内灰尘及垃圾时，每栋楼配备一台吸尘器，不能用吹风机吹扫木屑。楼层结构内清理时，严禁从窗口向外抛扔垃圾，所有建筑垃圾用麻袋装好，再整袋运送下楼至指定地点。装饰装修阶段楼内建筑垃圾清运时用水泥袋装运，严禁从楼内直接将建筑垃圾抛撒到楼外。

（5）外墙脚手架、施工电梯等设备材料拆除前，将脚手板、电梯通道处的垃圾清扫干净，并用水湿润各层脚手板、密目网、安全网，防止在拆卸过程中残留的建筑垃圾、粉尘坠落并扩散。

（6）外墙脚手架密目网密封严密，特别是密目接缝处不得留有明显空隙；施工通道每周洒水清理。

（7）安装作业时，对需要切割埋线管的砌体墙，在施工前先要洒水润湿表面，再用切割机切缝，避免室内扬尘。

2. 节材与材料资源保护措施

（1）绿色建材的使用

国内外许多研究发现，建筑材料物化阶段在建筑工程全生命周期环境影响中占据很大比例，选用对环境影响小的建筑材料是绿色施工的重要内容。

绿色建材是指采用清洁生产技术、少用天然资源和能源、大量使用工业或城市固态废物生产的无毒害、无污染、无放射性、有利于环境保护和人体健康的建筑材料。它具有消磁、消声、调光、调温、隔热、防火、抗静电的性能，并具有调节人体机能的特种新型功能建筑材料。在国外，绿色建材早已在建筑、装饰施工中广泛应用，在国内它只作为一个概念刚开始为大众所认识。

绿色建材的基本特征包括：

1）其生产所用原料尽可能少用天然资源，大量使用尾渣、垃圾、废液等废弃物。

2）采用低能耗制造工艺和对环境无污染的生产技术。

3）在产品配制或生产过程中不得使用甲醛、卤化物溶剂或芳香族碳氢化合物，产品中不得含有汞及其化合物的颜料和添加剂。

4）产品的设计是以改善生产环境、提高生活质量为宗旨的，即产品不仅不损害人体健康，而应有益于人体健康，产品应多功能化，如抗菌、灭菌、防霉、除臭、隔热、阻燃、调温、调湿、消磁、防射线、抗静电等。

5）产品可循环或回收利用，无污染环境的废弃物。

总之，绿色建材是一种无污染、不会对人体造成伤害的建筑材料。

施工单位要按照国家、行业或地方对绿色建材的法律、法规和评价方法来选择建筑材料，以确保建筑材料的质量。即选用物化能耗低、高性能、高耐久性的建材，选用可降解、对环境污染小的建材，选用可循环利用、可回收利用和可再生的建材，选择利用废弃物生产的建材，尽量选择运输距离小的建材，降低运输能耗。

（2）节材措施

节材措施主要是根据循环经济和精益施工思想来组织施工活动。也就是按照减少资源浪费的思想，坚持资源减量化、无害化、再循环、再利用的原则精心组织施工。在施工中，应根据地质、气候、居民生活习惯等提出各种优化方案，在保证建筑物各部分使用功能的情况下，尽量采用工程量较小、速度快、对原地表地貌破坏较小、施工简易的施工方案，尽量选用能够就地取材、环保价低、高耐久性的材料。

施工中，要准确提供出用材计划，并根据施工进度确定进场时间。按计划分批进场材料，现场所进的各种材料总量如无特殊情况不能超过材料计划量。加强施工现场的管理，杜绝施工过程中的浪费，降低材料损耗率。还要控制好主要耗材施工阶段的材料消耗，控制好周转性材料的使用和处理。

绿色施工策划中制订节材措施，要以突出主要材料的节约和有效利用为原则。此处，仅以某工程主体结构施工中对钢筋消耗量的控制措施为例，说明如何制订节材措施。在该工程主体结构施工中，钢筋消耗量的控制措施主要有：

1）钢筋下料前，制订详细的下料清单，清单内除标明钢筋长度、支数等外，还需要将同直径钢筋的下料长度在不同构件中作比较，在保证质量、满足规范及图集要求的前提下，将某种构件钢筋下料后的边角料用到其他构件中，避免过多废料出现。

2）根据钢筋计算下料的长度情况，合理选用 12m 钢筋，减小钢筋配料的损耗；钢筋直径 16mm 的应采用机械连接，避免钢筋绑扎搭接而额外多用材料。

3）将 $\phi6$、$\phi8$、$\phi10$、$\phi12$ 的钢筋边角料中长度大于 850mm 的筛选出来，单独存放，用作填充墙拉结筋、构造柱纵筋及箍筋、过梁钢筋等，变废为宝，以减小损耗。

4）加强质量控制，所有料单必须经审核后方能使用，避免错误下料；现场绑扎时严格按照设计要求，加强过程巡查，发现有误立即整改，避免返工费料。

3. 节水与水资源保护措施

水资源是影响我国社会经济可持续发展的关键资源。据调查，建筑施工用水的成本约占整个建筑成本的 0.2%，因此在施工过程中减少水资源浪费能够有效提升项目的经济和环境效益。

建筑施工过程的节水与水资源保护措施主要有：

（1）采用基坑施工封闭降水措施。

（2）合理规划施工现场及生活办公区临时用水布置。

（3）实行用水计量管理，严格控制施工阶段的用水量。

（4）提高施工现场水资源循环利用效率。

（5）施工现场生产实施施工工艺节水措施，生活用水使用节水型器具。

（6）加强施工现场用水安全管理，不污染地下水资源。

4. 节能与清洁能源利用措施

关于施工节能的研究很多，但许多研究仍然在概念上不够清晰，如一些对施工节能的研究主要突出保温墙板、屋面的施工等，还有许多研究把节能降耗与节材等混为一谈。尽管从大的概念上讲，节约材料等确实是有助于整个建筑生命周期节能的，但这样的概念界定显然使得节能与节材这两个绿色施工内容重叠。因此，本书认为施工节能就是指在建筑施工过程中，通过合理地使用、控制施工机械设备、机具、照明设备等，减少施工活动对电、油等能源的消耗，提高能源利用效率。建筑施工过程中的节能与能源利用措施主要有：

（1）优先使用国家、行业推荐的节能、高效、环保的施工设备和机具，如选用变频技术的节能施工设备等。

（2）强化对施工环境中空调、采暖、照明等耗能设备的使用与管理，如规定合理的温、湿度标准和使用时间，提高空调和采暖装置的运行效率，室外照明宜采用高强度气体放电灯等。

（3）合理安排工序，提高各种机械的使用率和满载率。

（4）实行用电计量管理，严格控制施工阶段的用电量。必须装设电表，生活区与施工区应分别计量，用电电源处应设置明显的节约用电标识，同时施工现场应建立照明运行维护和管理制度，及时收集用电资料，建立用电节电统计台账，提高节电率。施工现场分别设定生产、生活、办公和施工设备的用电控制指标，定期进行计量、核算、对比分析，并有预防与纠正措施。

（5）建立施工机械设备管理制度，开展用电、用油计量，完善设备档案，及时做好维修保养工作，使机械设备保持低耗、高效的状态。选择功率与负载相匹配的施工机械设备，避免大功率施工机械设备低负载、长时间运行。机电安装可采用节电型机械设备，如逆变式电焊机和能耗低、效率高的手持电动工具等，以利节电。机械设备宜使用节能型油料添加剂，在可能的情况下，考虑回收利用，节约油量。

（6）加强用电管理，做到人走灯灭。宿舍区根据时间进行拉闸限电，在确保参建人员休息、生活所用电源外，尽可能减少不必要的消耗。办公区严禁长明灯，空调、电暖器在临走前要关闭，实行分段分时使用，节约用电。

（7）充分利用太阳能或地热，现场洗浴可设置太阳能淋浴器或地热利用装置，减少用电量。

5. 节地与施工用地保护措施

土地资源短缺问题越来越引起世人关注，我国土地资源紧缺的压力尤为突出。在建筑施工过程中强化节地与用地保护已经势在必行，其主要措施有：

（1）施工现场的临时设施建设禁止使用黏土砖。

（2）土方开挖施工采取先进的技术措施，减少土方的开挖量，最大限度地减少对土地的扰动。

（3）加强施工总平面合理布置。

（4）最大限度地减少现场临时用地，避免对土地的人为扰动。

（5）采取切实措施，尊重地基环境，避免造成临时场地污染。

（七）绿色施工评价

绿色施工评价是衡量绿色施工实施水平的标尺。我国从逐步重视绿色施工到推出绿色施工评价标准经历了一个较长过程。从 2003 年在北京奥运工程中倡导绿色施工开始，绿色施工在我国逐渐受到关注，出现了一些关于绿色施工评价指标体系和评价模型的研究成果。有一些学者侧重评价模型的研究，提出了将层次分析法、模糊评价等系统评价方法应用于绿色施工评价的一些方法。一些意识比较超前、实力较强的施工企业也开始在工程中实践绿色施工，并探索绿色施工评价。《建筑工程绿色施工评价标准》GB/T 50640—2010 于 2010 年 11 月正式发布。至此，绿色施工有了国家的评价标准，为绿色施工评价提供了依据。绿色施工评价是一项系统性很强的工作，贯穿整个施工过程，涉及较多的评价要素和评价点，工程项目特色各异、所处环境千差万别，需要系统策划、组织和实施。

1. 评价策划

绿色施工评价分为要素评价、批次评价、阶段评价和单位工程评价，绿色施工评价应在施工项目部自检的基础上进行。绿色施工评价是系统工程，是工程项目管理的重要内容，需要通过应用"5W2H"的方法，明确绿色施工评价的目的、主体、对象、时间和方法等关键点。

2. 评价的总体框架

根据《建筑工程绿色施工评价标准》GB/T 50640—2010 的要求，绿色施工评价框架体系如图 2-27 所示，其主要内容有：

（1）进行绿色施工评价的工程必须首先满足《建筑工程绿色施工评价标准》GB/T 50640—2010 第三章基本规定的要求。

（2）评价阶段宜按地基与基础工程、结构工程、装饰装修与机电安装工程进行。

（3）建筑工程绿色施工应依据环境保护、节材与材料资源利用、节水与水资源利用、节能与能源利用和节地与土地资源保护五个要素进行评价。

（4）评价要素应由控制项、一般项、优选项三类评价指标组成。

（5）要素评价的控制项为必须达到要求的条款；一般项为覆盖面较大，实施难度一般的条款，为据实计分项；优选项为实施难度较大、要求较高、实施后效果较高的条款，为据实加分项。

（6）评价等级应分为不合格、合格和优良。

（7）绿色施工评价层级分为要素评价、批次评价、阶段评价、单位工程评价。

（8）绿色施工评价应从要素评价着手，要素评价决定批次评价等级，批次评价决定阶段评价等级，阶段评价决定单位工程评价等级。

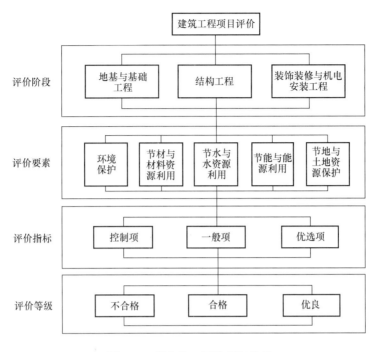

图 2-27　绿色施工评价框架体系

3. 评价的基本要求

绿色施工评价应以建筑工程施工过程为对象进行。绿色施工项目应符合以下规定：

1）建立绿色施工管理体系和管理制度，实施目标管理。

2）根据绿色施工要求进行图纸会审和深化设计。

3）施工组织设计及施工方案应有专门的绿色施工章节，绿色施工目标明确，内容应涵盖"四节一环保"要求。

4）工程技术交底应包含绿色施工内容。

5）采用符合绿色施工要求的新材料、新技术、新工艺、新机具进行施工。

6）建立绿色施工培训制度，并有实施记录。

7）根据检查情况，制订持续改进措施。

8）采集和保存过程管理资料、见证资料和自检评价记录等绿色施工资料。

9）在评价过程中，应采集反映绿色施工水平的典型图片或影像资料。

发生下列事故之一，为绿色施工不合格项目：

1）发生安全生产死亡责任事故。

2）发生重大质量事故，并造成严重影响。

3）发生群体传染病、食物中毒等责任事故。

4）施工中因"四节一环保"问题被政府管理部门处罚。

5）违反国家有关"四节一环保"的法律法规，造成严重社会影响。

6）施工扰民造成严重社会影响。

（1）评价的目的

对工程项目绿色施工进行评价，其主要目的表现为：一是借助全面的评价指标体系实现对绿色施工水平的综合度量，通过单项指标水平和综合指标水平全面度量绿色施工的状态。二是通过绿色施工评价了解单项指标和综合指标哪些方面比较突出，哪些方面不足，为后续工作实现持续改进提供科学依据。三是为推进区域和系统的绿色施工，可通过绿色施工评价结果发现典型，进行相应的评价和评比，以便强化绿色施工激励。

（2）符合性分析

在绿色施工影响因素分析的基础上，根据工程项目和环境特性找出与评价标准一般项未能覆盖或不存在的评价点，对《建筑工程绿色施工评价标准》GB/T 50640—2010 的评价点数量进行增减调整，并选择企业绿色施工的特色技术列入优选项的评价点范围，经建设单位、监理单位评审认同后，列入《建筑工程绿色施工评价标准》GB/T 50640—2010 作为适于本工程项目的绿色施工评价依据，进行绿色施工评价。

（3）评价实施主体

绿色施工评价的实施主体主要包括建设、施工和监理三方。绿色施工批次评价、阶段评价和单位工程评价分别由施工方、监理方和建设方组织，其他方参加。在不同的评价层面，绿色施工组织的实施主体各不相同，其用意在于体现评价的客观真实，发挥互相监督作用。

（4）评价对象

绿色施工的评价对象主要是针对房屋建筑工程施工过程实现环境保护、节材与材料资源利用、节水与水资源利用、节能与能源利用和节地及土地资源保护等五个要素的状态评价。

（5）评价时间间隔

绿色施工评价时间间隔，应满足绿色施工评价标准要求，并应结合企业、项目的具体情况确定，但至少应达到评价次数每月 1 次，且每阶段不少于 1 次的基本要求。

绿色施工评价时间间隔主要是基于"持续改进"的考虑。即：在每个批次评价完成后，针对"四节一环保"的实施情况，在肯定成绩的基础上，找到相应"短板"形成改进意见，付诸实施一定时间后能够得到可见的明显效果。

4. 评价方法

绿色施工评价应按要素、批次、阶段和单位工程评价的顺序进行。要素评价依据控制项、一般项和优选项三类指标的具体情况，按《建筑工程绿色施工评价标准》GB/T 50640—2010 进行评价，形成相应分值，给出相应的绿色施工评价等级。

（1）各类指标的赋分方法

1）控制项为必须满足的标准，控制项不合格的项目实行一票否决制，不得评为绿色施工项目。控制项的评价方法应符合表 2-10 的规定。

控制评价方法   表 2-10

评分要求	结论	说明
措施到位，全部满足考评指标要求	符合要求	进入评分流程
措施不到位，不满足考评指标要求	不符合要求	一票否决，为非绿色施工项目

2）一般项指标，应根据实际发生项执行的情况计分，评价方法应符合表 2-11 的规定。

一般项计分标准　　　　　　　　　　　　表 2-11

评分要求	评分
措施到位，满足考评指标要求	2
措施基本到位，部分满足考评指标要求	1
措施不到位，不满足考评指标要求	0

（2）要素、批次、阶段和单位工程评分计算方法

1）要素评价得分

一般项得分：应按百分制折算，如下式所示：

$$A = \frac{B}{C} \times 100 \qquad (2\text{-}1)$$

式中　A——折算分；

　　　B——实际发生项条目实得分之和；

　　　C——实际发生项条目应得分之和。

优选项加分：应按优选项实际发生条目加分求和 D。

要素评价得分：要素评价得分 F＝一般项折算分 A＋优选项加分 D。

2）批次评价得分

①批次评价应按表 2-12 的规定进行要素权重确定。

批次评价要素权重系数表　　　　　　　　表 2-12

评价要素	地基与基础、结构工程、装饰装修与机电安装
环境保护	0.3
节材与材料资源利用	0.2
节水与水资源利用	0.2
节能与能源利用	0.2
节地与土地资源保护	0.1

②批次评价得分 $E＝\sum$（要素评价得分 F×权重系数）

3）阶段评价得分

$$阶段评价得分 \, G = \frac{评价批次得分 \, E}{评价批次数} \qquad (2\text{-}2)$$

4）单位工程绿色评价得分

单位工程评价应按表 2-13 的规定进行要素权重确定。

单位工程要素权重系数表　　　　　　　　表 2-13

评价阶段	权重系数
地基与基础	0.3
结构工程	0.5
装饰装修与机电安装	0.2

单位工程评价得分 $G＝\sum$（阶段评价得分 G×权重系数）

（3）单位工程绿色施工等级判定方法

1）有下列情况之一者为不合格：

①控制项不满足要求；

②单位工程总得分 $W<60$ 分；

③结构工程阶段得分 $H<60$ 分。

2）满足以下条件者为合格：

①控制项全部满足要求；

②单位工程总得分 60 分 $\leqslant W<80$ 分；

③结构工程得分 $H\geqslant60$ 分。

至少每个评价要素各有一项优选项得分，优选项总分不小于 5 分。

3）满足以下条件者为优良：

①控制项全部满足要求；

②单位工程总得分 $W\geqslant80$ 分；

③结构工程得分 $H\geqslant80$ 分。

至少每个评价要素中有两项优选项得分，优选项总分不小于 10 分。

5. 评价的组织

根据《建筑工程绿色施工评价标准》GB/T 50640—2010 的相关规定，绿色施工评价的组织应注意以下几个问题：

（1）单位工程绿色施工评价应由建设单位组织，项目施工单位和监理单位参加，评价结果应由建设、监理、施工单位三方签认。

（2）单位工程施工阶段评价应由监理单位组织，项目建设单位和施工单位参加，评价结果应由建设、监理、施工单位三方签认。

（3）单位工程施工批次评价应由施工单位组织，项目建设单位和监理单位参加，评价结果应由建设、监理、施工单位三方签认。

（4）企业应进行绿色施工的随机检查，并对绿色施工目标的完成情况进行评估。

（5）项目部应会同建设和监理单位根据绿色施工情况，制订改进措施，由项目部实施改进。

（6）项目部应接受建设单位、政府主管部门及其委托单位的绿色施工检查。

6. 评价实施

绿色施工评价在实施中需按照评价指标的要求，检查、评估各项指标的完成情况。在评价实施过程中应重点关注以下几点：

（1）进行绿色施工评价，必须首先达到《建筑工程绿色施工评价标准》GB/T 50640—2010 基本规定的要求。

（2）重视评价资料积累。绿色施工评价涉及内容多、范围广，评价过程中需检查大量的资料，填写很多表格，因此要准备好评价过程中的相关资料，并对资料进行整理分类。

（3）重视评价人员的培训。评价人员应能很好地理解绿色施工的内涵，熟悉绿色施工评价的指标体系和评价方法，因此要对评价人员进行这些方面内容的专项培训，以保障评价的准确性。

（4）评价中需要把握好各类指标的地位和要求。绿色施工评价指标的控制项、一般项和优选项在评价中的地位和要求有所不同。控制项属于评价中的强制项，是最基本要求，实行一票否决；一般项评价是绿色施工评价中工作量最大、涉及内容量多、工作最繁杂的评价，是评价中的重点；优选项是施工难度较大、实施要求较高、实施后效果较好的项目，实质是备选项，选项越多，绿色水平越高。

（5）绿色施工评价结果必须有项目施工相关方的认定。绿色施工评价与其他施工验收一样，是程序性和规范性很强的工作，必须有工程项目施工相关方的认定才能生效。

（6）要注重对评价结果的分析，制订改进措施。评价本身不是目的，真正的目的是为了持续改进。因而要重视对评价结果进行分析，要注意针对那些实施较差的要素评价点，认真查找原因，制订有效的改进措施。

（7）针对评价结果，实施适度的奖惩。调动实施主体、责任主体的积极性，建立有效的正负激励措施。

（八）绿色施工案例

【案例1】

一、工程简介

某工程总高度530m，总建筑面积50.77万m²，地下室5层，地上111层，建成后将是象征当地腾飞的地标建筑，也是当地影响世界的高端商务天堂。

为建设好这栋地标工程，公司成立了项目管理委员会；项目部还成立了顾问专家委员会，项目部通过绿色施工，实现对项目的全面管理。

二、绿色施工

项目伊始就对绿色施工进行了详细的策划，对"四节一环保"指标进行量化，制订系列措施对绿色施工进行全面控制。

第一部分：实施的措施

1. 首先对项目施工过程中的关键工艺进行优化，全面控制各项绿色施工指标

（1）三高三低绿色混凝土的研究和应用，使核心筒外墙得以瘦身，增加了使用面积，节约了混凝土用量约950m²；高强度性能免除打凿工序，减少垃圾产生量，节约成本和工期共计约2111万元；混凝土的高泵送性能降低泵送能耗；通过掺入粉煤灰、微珠等掺合料，应用复合型外加剂，在保证强度的前提下，使水泥用量由400kg降至320kg，极大地降低了混凝土生产对环境的影响。混凝土的低收缩、低热性能，使其开裂得以控制，减少裂缝修补费用约72万元。

（2）智能顶模的应用及升级优化，平均3d一层的施工速度，极大地节约了工期；挂架及模板的工具化定制，提高了材料周转速率，降低了材料损耗及人员投入约100万元；支撑系统无须附墙埋件，节省约50万元；顶模系统驱动能耗低，驱动用电量相比较爬模系统节省约50万kWh；平台载荷能力大，提高了塔式起重机的单次可吊重量，节约了能源消耗。

（3）复杂环境深基坑多支护复合体系设计与应用。利用原有结构老桩、设计应用吊脚桩，采用放坡，节省了材料和工期；利用内支撑作为堆场，节约了占地面积；多支护复合体系及全自动智能基坑监测，避免对临近地铁、在建深基坑及已有建筑的影响。

2. 其次，项目还采取一系列措施来实现"四节一环保"的目标

（1）环保措施

对不同的建筑垃圾进行分类和量化控制，至目前为止，每万平方米产生建筑垃圾约235t，小于 400t/万 m^2 的既定指标。充分探索建筑垃圾的回收和再利用技术，主要包括：短木枋接长，再利用率达到 25%（27m^3）；混凝土尾料回收制作保护层垫块；混凝土碎料再利用；废旧钢筋和钢材用于制作洗车槽格栅、电梯防护门、临时坡道等，现场再利用率约 10%（35t）；废旧模板用于制作走道板、安全围挡等，再利用率达到约 30%（约9700m^2）。目前，建筑垃圾再利用率共达到约 35%。实现环保的同时，也节约了资源。

内支撑拆除绳切技术，使扬尘目测高度小于 1m、噪声小于 75dB。

采用低噪声设备、搭设降噪棚，有效控制了施工噪声。

另外，还采取污水沉淀、焊接作业遮挡等措施全面控制水污染、光污染等对环境的影响。

（2）节材措施

钢结构的优化设计，节约钢材约 7000t（结构体系的优化、周转式的塔式起重机支撑体系、利用幕墙埋件附着施工电梯和悬挑防护、钢结构自爬升平台、地下室跳仓法施工）；免除后浇带封闭、钢筋连接套筒、止水钢板、施工缝处理等，节约费用约 176.9 万元；采用楼面混凝土一次抹光技术、移动升降平台，大幅节约了材料的使用量。

大面积推广使用工厂化的加工制作（钢筋制作、钢结构制作、机电管线制作）、使用工具式标准化的措施构件，如大钢模板、集成式外架及标准化的防护门、防护栏杆、防护棚、安全通道、吊料平台、悬挑防护、集成工具箱等，其中工具式外架 2 人 2h 即可搭设完成，节约人工费约 126 万元。提高了材料的周转效率和废料再利用率，降低了材料损耗。

（3）节能措施

采用节能的设备及系统（节能无噪塔式起重机、变频式高速施工电梯、节能型混凝土泵、节能 LED 灯具、全自动变流量水泵组），大幅降低了施工能耗。

通过塔式起重机及电梯的计划管理，设计使用日排班表，提高了施工机具的使用功效；通过工作面每日用电申请管理，并在各工作面部署临电全天候无线监控系统，将各工作面用电量细化至分钟，实时掌握各分包及劳务队伍用电情况，为日后超高层施工积累宝贵的数据。

（4）节水措施

建立中水回收再利用系统，将处理后的中水用于机具、车辆冲洗等方面，循环水的再利用率达到 30%。

采用智能喷雾系统，节约混凝土养护用水 4.2 万 m^3。

推广使用节水龙头，加强宣传和管理力度，有效控制用水量。

（5）节地措施

通过对场地的统筹布置，公共场地资源的动态管理，构件场外工厂加工，充分提高了施工场地的利用效率。

第二部分：实施效果

目前，项目绿色施工已取得初步成效。节材方面，钢筋、混凝土、木方等主要材料损耗率比定额损耗率降低 20% 以上。节能方面，现场节电约 23.45%，生活区节电约

4.25％。节水方面，现场节水约 23.19％，生活区节水约 37.8％。节地和环保指标也均优于基准值。

在实现"四节一环保"的同时，也带来了可观的经济效益，结合目前已节省项目的统计梳理及对后期的初步估算，共可节约成本约 1.22 亿元。

【案例 2】

一、工程概况

某国际广场项目位于某市商业核心区。项目由主楼（A 座）、副楼（B 座）、附属裙房及地下机械车库组成，总建筑面积 23 万 m^2，是集五星级酒店、5A 级写字楼、酒店式公寓、娱乐、观光于一体的商业综合体。其中主楼地下 3 层、地上 55 层，总建筑高度 249.7m，是省在建"第一高楼"。

二、绿色施工实施策划

项目自成立之日起，就认真贯彻和落实住房和城乡建设部的《绿色施工导则》、全国建筑业绿色施工示范工程验收评价主要指标等文件精神，结合集团制定的《项目管理标准化考核实施办法》，制定了《××广场工程绿色施工实施方案》，将绿色施工纳入标准化管理范畴，从节水、节电、节能、节地和环境保护五个大方面入手，制定各个子方面的具体评价标准，使绿色施工管理不断得到强化。该方案主要包括组织管理、规划管理、实施管理、评价管理和人员安全与健康管理五个方面。

1. 组织管理

本项目为创建全国建筑业绿色施工示范工程，从开工伊始即根据《项目管理标准化考核实施办法》及《××广场工程绿色施工实施方案》建立专项绿色施工组织结构，根据办法建立绿色施工三级管理体系：集团管理、公司管理、项目管理。设立集团绿色施工指导小组、公司绿色施工指导小组，确定项目经理为绿色施工小组组长，为第一责任人，负责绿色施工的组织、实施及目标实现。并设立项目绿色施工专职负责人，主管施工过程中绿色施工具体事宜和过程监管。项目部认真研究项目管理标准化考核文件，结合《××广场工程绿色施工实施方案》，根据项目标准化要求考核各个子项，组织相关部门，细化分解考核项目，安排专人负责，一人负责一个子项，将责任落实到个人，本着谁出错、谁负责的原则制定奖罚制度。做到了奖罚分明，也充分地调动了大家在绿色施工进程中严格执行标准化的积极性。

2. 规划管理

（1）项目在编制施工组织设计时，将绿色施工管理作为一个独立的施工方案进行编制，并将其与标准化管理相结合，一方面突显出了绿色施工的重要性，另一方面也是对标准化管理的灵活运用。

（2）项目开工时根据施工组织设计，编制相应的绿色施工专项方案，明确各项目标指标，并依据标准化规定进行考核评比。

（3）在开工之初，项目即组建绿色施工管理团队，组织去绿色施工示范工地进行学习观摩，带回考察学习的内容、成果，给项目所有员工进行绿色施工培训，增强员工的绿色施工意识。

3. 实施管理

按照绿色施工方案及专项方案内容，由项目总工对项目所有绿色施工管理人员进行技术交底，明确"四节一环保"各项指标及管理要点。再由绿色施工管理人员对绿色施工操作人员进行交底，交底内容逐步细化到每个分项的做法及应达到的指标。

4. 评价管理

根据绿色施工方案及标准化管理制度，对照现场是否按照制度要求执行。项目专门配备绿色施工检查小组，以安全环保部为主导，安全总监为组长，定期每周按制度对照绿色施工要求对施工现场绿色施工的分部分项进行逐步排查，下发整改通知单，并将排查结果通报项目经理（绿色施工管理领导小组组长）。同时按照标准化管理评分标准进行打分，根据得分的高低采取相应的奖惩措施。

5. 人员安全与健康管理

施工现场采取措施保证现场生活、工作环境的安全、卫生及一定的舒适性，防止疾病以及职业危害发生，并设立相应设施和制度以备在安全事故和疾病疫情出现时提供及时帮助。

三、绿色施工考察学习

项目成立之伊始，即组建了绿色施工小组作为绿色施工管理团队，小组成员分别赴各地去参加全国建协组织的绿色施工会议，并在绿色施工示范工地进行学习观摩，将考察学习所得的管理经验带回项目，召开学习讲座，对员工进行绿色施工专项培训。一方面增强员工的绿色施工意识，另一方面提升了员工实施绿色施工的操作能力。

四、因地制宜，降本增效

1. 太阳能资源利用

工程地处热带季风性气候，年日照平均时数长达 2200h，光照率为 50%～60%。

项目充分利用太阳能资源，在施工现场阳光充足部位架设 10 块太阳能集热板，每块功率 100W，总共 1kW，每天蓄电约 12kW，此部分蓄电供应办公区域走廊及路灯照明所用，保证了夜间照明，促进了安全生产，实现了节能减排。

2. 风能资源利用

工程所在地区风能资源比较丰富，项目部在施工现场安装风力发电机。本工程所处地带为城市 CBD，所用模板体系为外爬内支模式，考虑四周建筑物密集不利于风力发电机达到最大发电效果，故将发电机架设于爬模架顶，随着爬模架爬升。爬模架体南北两边各布置 2 台风力发电机，每台功率为 300W/h，合计发电量为 1.2kW·h。爬模架南北各 1 个 LED 屏幕，合计能耗为 1.1kW·h。此风力发电用于爬模架顶端 LED 广告屏夜间屏幕显示企业 Logo 及楼层内照明及紧急备用电源。风能资源利用见表 2-14。

风能资源利用　　　　　　　　　　　　　　表 2-14

序号	施工区域	目标耗电量（kW·h）	实际耗电量（kW·h）	实际耗电量/总建筑面积比值（kW·h/m²）	节约电量（kW·h）
1	办公、生活区	341300	286840	1.247	54460
2	生产作业区	2258700	2086240	9.070	172460
3	整个施工区	2600000	2373080	10.317	226920

注：其中，每万元产值用电消耗指标下降 8.73%。

3. 水资源利用

工程所在地区雨量充沛，年平均降水量约 1686mm，为了利用丰富的雨水资源，施工现场设置了雨水、废水和地下降水循环利用系统。施工现场 D 区地下室配置 2 个 12m³ 水箱，专用于雨水收集。收集的雨水用于混凝土养护、施工现场卫生间便池冲水、现场路面喷洒保洁、冲洗车辆及现场绿化浇灌。施工现场办公区、生活区的生活用水采用节水系统和节水器具，节水器具配置比率达到 100%。

为有效收集雨水，减少所收集雨水的含泥量，同时兼顾现场防尘的需要，对地面采取硬化措施。然后利用硬化地面作为汇水面，通过排水沟将雨水汇集到三级沉淀池。沉淀后，再经过中水处理装置，将其处理为中水。《绿色施工导则》也有提到：处于基坑降水阶段的工地宜优先采用地下水作为混凝土搅拌、养护、冲洗和部分生活用水。但是用于混凝土搅拌和养护的水首先需要进行水质测试，主要项目包括 pH 值、不溶物、可溶物、氯化物、硫酸盐和硫化物的含量，试验合格后可将水用于混凝土搅拌和养护。

在基坑施工过程中，项目部通过技术创新发明了岩石地基深基坑承压水降排水系统专利，不仅解决了深基坑降水问题，而且实现了基坑降水循环可再生资源利用。《××广场岩石地基高水位深基坑降排水施工技术》论文也在《施工技术》杂志上发表。雨水、废水和地下降水循环利用见表 2-15。

雨水、废水和地下降水循环利用　　　　　　　　　　　　　表 2-15

序号	施工区域	目标耗水量 （m³）	实际耗水量 （m³）	实际耗水量/总建筑 面积比值（t/m²）	节约水量 （m³）
1	办公、生活区	81600	71061	0.31	10539
2	生产作业区	52600	37799	0.164	14801
3	整个施工区	134200	108860	0.474	25340

其中，每万元产值水资源消耗指标下降 30%。

五、绿色施工常规做法

除了上述具有地域特色的绿色施工做法，项目也采用了一些常规方法来确保绿色施工的顺利进行。

工程位于商业核心区，环境保护显得尤为重要。实施过程的一些常规做法见表 2-16。

绿色施工常规做法　　　　　　　　　　　　　表 2-16

项目	子项	简述	备注
环境保护	噪声控制	配置噪声仪，应用自密实免振捣混凝土	
	抑制扬尘	建立洒水清扫制度，施工道路全部硬化	
	水污染	设置排水明沟，雨水污水不混排	
	光污染	夜间焊接使用遮光布，塔式起重机大灯定向照明	
	现场绿化	破坏植被及时恢复，种植花草，保护绿化	
四节应用	限额领料	制定限额领料制度	
	再生资源利用	废水再利用系统，建筑垃圾回收再利用	
	以钢代木	用钢模板代替木模板，架体模板爬升一体化	
	节地	现场使用三层临建，并进行防台加固	
新技术应用	建筑业新技术推广	积极推行四新应用，工程应用十项新技术中的 23 个子项	

六、结束语

由于采用了节能、节电、节水等各项绿色施工措施，根据数据统计，截至结构封顶时，项目实现了节约 785 万元，占总产值比重为 1.21％的经济效益。

【案例 3】"绿色施工"—"装配式"技术在保障房项目中的应用

一、概述

绿色施工并不是很新的思维途径，当前承包商以及建设单位为了满足政府及大众对文明施工、环境保护及减少噪声的要求，为了提高企业自身形象，一般均会采取一定的技术来降低施工噪声、减少施工扰民、减少环境污染等，尤其在政府要求严格、大众环保意识较强的城市进行施工时，这些措施一般会比较有效。但是，大多数承包商在采取这些绿色施工技术时是比较被动、消极的，对绿色施工的理解也是比较单一的，还不能够积极主动地运用适当的技术、科学的管理方法，以系统的思维模式、规范的操作方式从事绿色施工。

保障性住房建设尚处于起步阶段，保障性住房的质量与品质距离百姓的期待还有一定距离，设计方法与建造方式存在生产效率低、建设周期长、材料消耗多等问题，传统的设计方法与建造方式使得品质优良的保障性住房推进将十分困难，且造成资源的巨大浪费。

下面本文针对装配式技术在保障房项目中应用的具体案例分析展现其在"绿色施工"中的效果，通过和常规施工方法的对比，阐述装配式技术的优越性，来向大家展示产业化建筑的前景，提出一种全新的"绿色施工"的方法。我们的目标是：依托某市深厚的城市文化底蕴，坚持住宅产业化发展方向，打造功能完善、适用经济、节能环保、可持续发展的城市美好家园。

某公租房工程位于地铁二号线停车场内，是某市保障性住房项目，总建筑面积约 34.5 万 m²，采用装配式技术施工，项目于 2011 年开始设计施工，2012 年年底整体完工入住。

二、装配式产业化生产

住宅产业化模式，即用工业化方式生产住宅，在工厂生产和加工主要的建筑构件、部品等，通过运输工具运送到工地现场，拼装成高品质的商务楼、住房、体育馆甚至任何想要的建筑形式，即建筑设计标准化、部品生产工厂化、物流配送专业化、现场施工装配化。

本工程采用装配式结构工程，主体构件采用装配式方式，在工厂预制，现场拼装，装修优先采用装修与结构体分离、干式工法施工，其优点在于工厂化生产、标准化作业、质量保证率高，符合国家节能减排和建筑工业化的发展战略。装配式施工技术体系工厂化程度高、工程质量好、物耗低，能充分体现住宅建筑标准化、工业化经营一体化，有利于提升产业品质，符合当今住宅产业化趋势，具有新颖性和应用价值。本工程从设计、制造、施工、运营、循环五个方面进行创新实现了全生命周期的绿色建筑。

装配式施工的主要优势：

1) 工厂化建造绿色低碳建筑；

2) 建筑半成品出厂，让施工享受"搭积木"的便捷；

3) 改变传统建筑业落后的生产方式；

4) 质量好：工业化生产解决传统建筑方式普遍存在的渗漏、不隔声、不隔热、精度

差等"质量通病";

5）工期短：施工周期是传统建筑方式的 1/3 左右，高层约 5d 一层（含隔墙），多层约 2d 一层；成本低：

6）时间短，用人少，综合成本降低，真正可控；

7）施工安全性高：施工用人量大幅减少，不用搭设外脚手架，降低安全隐患；

8）施工过程环保：低碳环保的生产建造方式，符合节能减排要求。

三、装配式结构"绿色施工"的效果

1. 围护结构节能设计

建筑物外墙主体采用外保温。中间为 100mm（200mm）厚钢筋混凝土结构板，局部内侧为 100mm 厚加气混凝土板，50mm 厚无机发泡聚氨酯复合保温板（燃烧性能 A 级）。

屋面保温采用 200mm 厚半硬质玻璃棉板保温，平均传热系数为 0.23（限值为 0.40）。

外门窗为单框三玻平开塑钢窗。传热系数不大于 2.0W/（m² · K），抗风压性能、水密性能及气密性能均符合相关国家规范的要求。

建筑隔墙主要采用了工业化生产和装配方式的轻钢龙骨硅钙板轻质内隔墙。部分采用新型混凝土空心砌块，摒弃了实心黏土砖，其优点是：可保护耕田，采用砂、石等地方材料，成本低廉，具有显著的环境效益；既具有适应性强的优点，又具有轻质、高强、多功能的新特点，比实心黏土砖砌体节能 2/3～3/4；方便人工砌筑，功效远高于黏土砖。

2. 节材

（1）装配式施工工法节材

本工程采用预制板与现浇结构相结合的形式，叠合板、外墙板及内承重墙在工厂预制，楼板厚度为 160mm，其中叠合板 80mm，现浇层 80mm，在实际施工中叠合板起到底部模板作用，模板、木枋只需要部分外墙内侧及顶板接缝处使用，每层模板用量为 500m²，每层 50mm×100mm 木枋用量为 2500m³。而如果采用常规做法则模板需要 1700m²，木枋需要 7000m³。平均每层木模板可减少 1200m²，木枋可减少 4500m³，即可减少 18m³。若采用常规现浇方式，混凝土用量为 250m³，减少 140m³。

叠合板底部采用满堂架支设，常规做法底部采用满堂脚手架，水平杆间距 1.2m×1.2m，水平杆步距为 1200mm，单层面积需要支撑架 1500m。而本工程中水平杆步距为 1800mm 且只单向设置水平杆，单层面积只需要支撑架 900m，用量大大减少。

由于装配式结构外墙板及内隔墙采用工厂加工的形式，采用工业化生产，模板固定化，浇筑混凝土机械化，不仅提高了预制板的精度而且减少了混凝土的浪费率，常规施工方法容易出现漏浆现象，且混凝土用量不易控制，产生浪费。在加工厂生产钢筋，可大大减少钢筋废料、断料的产生率。如采用常规施工方法每层混凝土需要 240m³，每层钢筋需要 52.2t。而采用装配式结构混凝土每层用量为 100m³，每层钢筋需 16.8t。从而每层混凝土用量减少 140m³，每层钢筋用量减少 35.4t。

在常规现浇结构中，由于有大量的施工材料需要转运，使得运输次数及二次周转费用相应增加，而本工程中由于各种原材料使用的减少，使得运输以及二次周转成本大大降低，在节约了大量人力、物力的同时提高了工作效率，同时也降低了在运输过程中的潜在危险。

（2）全装修节材

住宅一次装修到位，推广工业化的规模装修。该工程项目全部精装修，住宅装修设计遵循土建、装修一体化设计，从规划设计、建筑设计、施工图设计等环节统筹考虑。采用标准化、模数化、部品化内装材料，现场拼装，干式工法。大大提高了工作效率，减少了材料损耗和人工用量。

本工程采用轻质内隔墙，全部由工厂制作，现场拼装即可，大大提高精度的同时减少了混凝土、钢筋等原材料的使用，而常规做法隔墙一般采用小型空心砌块，在搬运、储运过程中会造成部分损坏，同时现场拌制水泥砂浆时会浪费大量的水、砂子及钢筋等施工原材料并对环境造成极大的污染。

本工程采用整体卫浴的形式，整体卫浴的底盘、墙板、顶棚、浴缸等大都采用 SMC 复合材料制成。比起普通卫浴间墙体容易吸潮，表面毛糙不易清洁，整体卫浴的优势相当明显，整体卫浴间的卫浴设施均无死角结构而便于清洁。另外，整体卫浴本身具有流水坡度，实际安装只要调整水平即可。整体卫浴采用干法施工，底部及墙面可不做防水，现场不需进行砌筑、抹灰、贴砖等施工工序，避免了水泥砂浆湿法作业造成的材料浪费等缺点，且大大减少了现场作业量，可当天安装，当天使用，大大缩短了施工周期。而常规做法中防水、砌筑、抹灰、贴砖等各项工序完成后需要一定的间歇养护时间，施工周期较长。

住宅装修坚持专业化施工的原则，由建设单位统一组织管理，进行有序的一条龙服务。住宅装修设计多样，满足不同层次人群的需求。住宅的厨房、卫生间达到一次整体装修到位。

由于采用标准化户型和装修设计，装修部品可做到工厂化成批生产、成套供应、现场组装。整体厨卫的应用，减少现场手工加工作业，以节约材料，缩短工期，保证质量。

3. 施工中的节水效应

构件全部在工厂制造，现场干法装配，是区别于传统泥瓦匠施工模式的"干法造房"。大大减少现场用水量。

与常规做法相比，本工程中采用预制构件，在加工场内采用循环水进行养护，方便、节约用水，而到现场时强度已经满足设计要求，不需进行养护。由于现场现浇混凝土量大大减少，因此混凝土养护用水也大大减少，经测算可节约用水 60%。

与常规做法相比，本工程中现场劳动力大大减少，施工机械也减少，可节约大量的生活用水。根据测算，本工程可节省 1500t 水，与常规做法相比节水近 60%。

4. 干式施工的环境保护效应

工厂制造，尽量减少现场作业；提高工业设备环保技术水平。现场施工量少，全部采用干法施工，大大降低施工噪声，大大减少施工垃圾。

本工程现场现浇混凝土量大大减少，装修采用干法施工，现场无砌筑、抹灰等工程量，采用集中装修现场拼装方式，减少了二次装修产生的大量建筑垃圾污染；平均每百平方米建设面积可减少约 5t 建筑垃圾产生；减少了对森林与土地的破坏，产品部件全面使用环保材料，绿色健康。采用装配式施工技术的建筑混凝土表面平整度偏差小于 0.1%，同时可以有效改善施工环境，最大限度地减少建筑施工对周边环境的影响。

5. 成型钢筋技术

混凝土结构建筑工程施工主要分为三个部分：混凝土、钢筋和模板。商品混凝土配送和专业模板技术近几年发展很快，而钢筋加工部分发展很慢。建筑用钢筋长期以来主要依靠人力加工方式，加工地点主要在施工工地现场，所使用的钢筋加工机械技术性能、自动化程度较低，质量难以控制，材料和能源浪费高，且现场施工占地大，噪声大。显然，这种人力加工钢筋的施工方式已经成为制约施工现代化程度提高的一个瓶颈，所以，提高建筑用钢筋的工厂化加工程度，是建筑业向机械化、环保化和节能化发展的必然趋势。

使用工业化生产混凝土结构用成型钢筋的社会效益和经济效益十分可观，总结一下共有六大优点：一是钢材损耗可降低 8%；二是可节约电耗 60%；三是提高工程安全系数；四是提高产品质量；五是劳动生产率平均提高 8～10 倍；六是大幅度提高了生产环保，解决了噪声、粉尘、扰民问题，同时节约场地、延长设备寿命等，间接提高了资源的利用率 20% 以上。

6. 提高施工精度，减少抹灰和剔凿，减少浪费

产业化建筑模式将使建筑精度精确到 2mm 以内，较传统混凝土现浇施工精度提高 3～4 倍。采用装配式施工技术的建筑混凝土表面平整度偏差小于 0.1%，外墙瓷砖拉拔强度提高 9 倍，而且由于墙体和窗框、外墙瓷砖和保温材料可以一体式生产，传统建筑常有的窗框漏水、保温性能不佳等弊病也能迎刃而解。同时可以有效改善施工环境，最大限度地减少建筑施工对周边环境的影响。

7. 提高劳动效率

采用工业化生产方式还可以较大幅度地提高劳动生产率，较大幅度地节省劳动力并缩短工期，节能降耗效果显著。本项目在建造过程中建造工人减少了 50% 左右，建设周期缩短 40% 以上。大量的建筑工人由"露天作业"向以"工厂制作"为主的产业工人转变。一般按照传统方式建造同等规模的工程，每栋楼高峰期需要劳动工人约 240 人，平均 7d 完成一层楼，而采用工业化生产方式只需要工人 70 人（熟练工人还可以再少）左右，平均 5d 一层楼，还包括部分外装饰。

我国正处在城市化和工业化快速发展的时期，随着城镇人口的增加和人民群众生活水平的提高，在对住宅的功能和质量提出更高需求的同时，也使我国面临着资源、环境等更大的压力，而在国际上已提出并在实践零耗能或零碳排放建筑理念，现阶段整个建筑行业的革命迫在眉睫，装配式建筑需大力推广。现场操作面和现场全景如图 2-28、图 2-29 所示。

图 2-28　现场操作面照片　　　　　　　图 2-29　现场全景照片

（九）美国绿色建筑协会及其 LEED 评估体系介绍

1. 美国绿色建筑协会（U. S Green Building Council）

美国绿色建筑协会（USGBC）成立于 1993 年，总部设在美国首都华盛顿，是一个非政府非营利组织，是世界上较早推动绿色建筑运动的组织之一。

20 世纪 70 年代的世界能源危机，使人们认识到节能与环保对人类生存的重要性，揭示了绿色建筑的概念，美国绿色建筑协会便随着绿色环保浪潮产生了，USGBC 的会员来自行业中各类型公司的领袖企业，包括：建筑设计公司、开发商、施工单位、环保团体、工程公司、财务和保险公司、政府部门、市政公司、设备制造商、专业团体、大学和技术研究机构、出版机构等。USGBC 的会员们共同开发行业标准、设计规范、方针政策以及各种研讨会和教育工具，以支持整个行业采用各种可持续发展的设计和建造方法。USGBC 以其独特的视角和集体的力量改变了各种传统的建筑设计、施工和保养方法。

2. 《绿色建筑评估体系》（LEED）

《绿色建筑评估体系》（Leadership in Energy & Environmental Design Building Rating System——国际上简称为 LEED），是由美国绿色建筑协会建立并推行的，绿色建筑评估体系（LEED）的名称于 2000 年 3 月推出，目前在世界各国的各类绿色建筑评估中被认为是最完善、最有影响力的评估标准。已成为世界各国建立各自建筑绿色及可持续性评估标准的范本。

绿色建筑评估体系适用于所有建筑类型——住宅建筑和商业建筑的整个生命周期评估——设计和建造，运营和维护等，并且除了建筑之外还涉及邻里地区。同时，对商业建筑所有者和雇主创造商业价值的绿色建筑也具有一定的意义。其评价体系主要由表 2-17 中的几个评价标准构成。

绿色建筑评估体系（LEED）评价标准　　　　　　　　表 2-17

序号	LEED 评估系统分册	简称	适用项目类型
1	LEED-new construction	LEED-NC	新建建筑或重大改建项目
2	LEED-existing building	LEED-EB	建筑运行或升级项目
3	LEED-commercial interiors	LEED-CI	商业建筑内装修设计和施工项目
4	LEED-core & shell devel opment	LEED-CS	内装修不属于初步设计阶段的新建建筑项目
5	LEED-homes	—	新建民用住宅项目
6	LEED-schools	—	中小学校项目
7	LEED-retail	—	商店设计和施工项目
8	LEED-neighborhood development	LEED-ND	社区开发项目

绿色建筑评估体系通过六个方面对建筑项目进行绿色评定，包括：可持续场地设计、有效利用水资源、能源和环境、材料和资源、室内环境质量和革新设计，在每个方面，绿色建筑评估体系都提出评定目的（intent）、要求（requirements）和相应的技术及策略。建筑项目要获得绿色建筑评估体系认证，必须在每一范畴内达到必需的条件和相应分数，根据所获分数，被评为几种等级：认证级、银级、金级和白金级绿色建筑。

绿色建筑评估体系的最大优势在于它强大的灵活性和制定过程的透明、公正性，这使它能够吸取建筑科学发展过程中的新技术来不断完善自身。

绿色建筑评估体系是自愿采用的评估体系标准，主要目的是规范一个完整、准确的绿色建筑概念，防止绿色概念的滥用。绿色建筑评估体系是性能标准，主要强调建筑在整体、综合性能方面达到建筑的绿色要求，很少设置硬性指标，各指标之间可以通过相互调整来相互补充。

绿色建筑评估体系的认证过程由绿色建筑认证机构进行操作，绿色建筑认证机构是专为节能建筑提供第三方认证服务和发放专业资格证书的机构。其内部有按照国际标准化组织（ISO）标准运作的国际认证组织，从而有力地保证了绿色建筑评估体系认证的质量。认证过程的大致程序如图 2-30 所示。

图 2-30　绿色建筑评估体系认证流程图

最低项目要求（MPRs）是建筑项目接受绿色建筑评估体系认证必须满足的先决条件，最低项目要求规定了适合接受绿色建筑评估体系认证的建筑项目的基本特征以及该建筑项目必须达到的一些目标。只有满足了最低项目要求的建筑项目才有资格接受绿色建筑评估体系认证。

绿色建筑评估体系认证申请在"在线绿色建筑评估体系"上完成，认证过程中接受认证者还需要上传一系列的文件证明。

绿色建筑评估体系认证作为一套完整的技术管理体系，强调从项目的规划设计阶段即开始成立由多个领域的科学家组成的团队，从最初方案设计到综合规划、建筑、结构、设备、园林等各专业的有机结合，多角度地对项目进行论证，以确保完成业主意图，使舒适、节能、环保、高效的设计原则贯穿于整个设计之申。因而，在整个绿色建筑评估体系认证实施过程中，需要业主、设计单位、施工单位之间的密切配合。

绿色建筑评估体系认证体系对建筑的评价并不单单停留于定性分析，而是深入到量化。绿色建筑评估体系的得分点所引用的标准很明确，采用清单（checklist）的形式。其评价过程也是透明公开的，一些得分点的审核甚至通过公开招募专家来完成。

绿色建筑评估体系评价的基准分满分为 100 分，另外还有 10 分是对有创新设计和区域性建筑的奖励分。以绿色建筑评估体系对商业建筑室内评分为例，评分项目及其分值分配如下：

　　基本分：可持续场地设计——21 分；

　　　　　　有效利用水资源——11 分；

　　　　　　能源和环境　—37 分；

　　　　　　材料和资源——14 分；

　　　　　　室内环境质量——17 分。

　　奖励分：创新设计——6 分；

　　　　　　区域因素——4 分。

评分等级：认证级——40～50分；

　　　　　银级——50～60分；

　　　　　金级——60～70分；

　　　　　白金级——70～80分。

这样，通过绿色建筑评估体系认证，用户就能很清楚地认识到某一建筑各方面的优劣，就像牛奶包装上标明的各营养成分的含量。

通过绿色建筑评估体系认证的建筑不仅有环境效益，而且给业主和承租人带来了很高的经济效益。相比于传统建筑，如果初始投资在"绿色设计"方面每增加2％，在建筑的整个生命周期中总的建造费用将会降低20％。绿色建筑商品的低使用费用和良好的居住环境使它越来越受到消费者的青睐，它们往往更容易销售或出租，这对开发商来说降低了投资风险，成本回收更快。

除了接受美国绿色建筑委员会的意见外，各个绿色建筑评估体系委员会对绿色建筑评估体系的修订和实施负主要责任。绿色建筑评估体系委员会包括四个分会：技术顾问组（technical advisory groups）、实施顾问协会（implementation advisory committee）、市场顾问协会（market advisory committee）、技术协会（technical committee）。绿色建筑评估体系的修订过程是公开透明的，而且需要经过绿色建筑评估体系委员会所有成员的一致通过，以保证它的公正性。

绿色建筑评估体系认证体系是全球最权威的，除美国以外的很多国家都承认绿色建筑评估体系认证。它的成功取决于多方面，除了上文提及的它的评价机制和本身修订过程的透明公开性外，还得益于良好的传播机制。你可以在绿色建筑评估体系官方网站上获取所有能有助于通过绿色建筑评估体系认证的参考资源和辅助工具，有：

（1）绿色建筑评估体系工程手册：搜索用户所在地是否有已经通过绿色建筑评估体系认证的工程项目。

（2）地区优先加分浏览器：是一个基于地图的工具，用来查看某地的工程是否能获得地区优先加分。

（3）得分模板：这是通过绿色建筑评估体系认证所需的证明文件的模板。

（4）评分权重体系和使用参考指南：评分权重体系列出了每一子项的分值，使用参考指南则对相关设计方法和技术提出建议和分析，并提供了参考文献目录和实例分析。

（5）绿色建筑评估体系解说：这是一个为建筑项目在接受绿色建筑评估体系认证过程中所遇到的问题提供官方解答的平台，从某个角度上说这项内容增强了绿色建筑评估体系与外界的互动交流，从而推动了绿色建筑评估体系的发展和完善。这项内容是收费的，其大致流程为：建筑项目组向绿色建筑认证机构提交问题并选择要求进行绿色建筑评估体系解说、3～4周后收到认证评论审核员的解答、再递交美国绿色建筑委员会复审、绿色建筑评估体系解说结果将被立即告知项目组并载入数据库中。

（6）在线绿色建筑评估体系：帮助通过绿色建筑评估体系认证的网上工具，主要用来下载和上传认证所需文件。

绿色建筑评估体系资格证书是针对有能力执行绿色建筑评估体系认证过程的人发放的资格证书。绿色建筑评估体系资格证书由绿色建筑认证机构负责发放，但是它不负责相关培训，美国绿色建筑委员会提供所有与绿色建筑评估体系认证考试和绿色建筑相关的信息和培训。培训的课程是由绿色建筑评估体系认证体系的幕后组织设定的，并由专业人士结合工程实例讲授。

（十）绿色施工相关法律、法规、标准、政策

1. 绿色施工导则与政策

（1）绿色施工导则

1）《绿色施工导则》是我国第一个部颁关于绿色施工的法规。

2）《导则》共分六章，包括总则、绿色施工原则、绿色施工总体框架、绿色施工要点、发展绿色施工的"四新"技术、绿色施工应用示范工程。

3）《导则》确立了我国绿色施工所应倡导的理念、原则和方法，包括：可持续发展的社会责任、全寿命周期原理、综合效益（经济、社会、环境）相统一、因地制宜、绿色施工融合于 ISO 14000 和 ISO 18000 管理体系等。

4）《导则》将绿色施工作为建筑全寿命周期中的一个重要阶段，明确了绿色施工对于实现绿色建筑的地位和作用。

5）《导则》明确绿色施工总体框架是由施工管理、环境保护、节材与材料资源利用、节水与水资源利用、节能与能源利用、节地与施工用地保护等六个方面组成。

6）依照 PDCA 循环原理，《导则》对绿色施工组织管理、规划管理、实施管理、评价管理和人员安全与健康管理五个方面提出了原则性的要求。针对施工现场情况，《导则》就"四节一环保"提出了一系列技术要点，多达 99 条。

7）我国绿色施工尚处于起步阶段，《导则》要求各地应通过试点和示范工程，总结经验，引导绿色施工的健康发展。

8）发展绿色施工的新技术、新设备、新材料与新工艺："5.1 对落后的施工方案进行限制或淘汰，鼓励绿色施工技术的发展，推动绿色施工技术的创新。5.2 大力发展现场监测技术、低噪声的施工技术、现场环境参数检测技术、自密实混凝土施工技术、清水混凝土施工技术、建筑固体废弃物再生产品在墙体材料中的应用技术、新型模板及脚手架技术的研究与应用。5.3 加强信息技术应用。"

（2）绿色建筑技术导则

1）《绿色建筑技术导则》（以下简称《导则》）是我国第一个部颁的关于绿色建筑的技术规范。

2）《导则》共分九章，包括总则、适用范围、绿色建筑应遵循的原则、绿色建筑指标体系、绿色建筑规划设计技术要点、绿色建筑施工技术要点、绿色建筑的智能技术要点、绿色建筑运营管理技术要点、推进绿色建筑技术产业化。

3）《导则》确立了我国绿色建筑所应倡导的基本理念和方法论，包括：可持续发展与循环经济的发展模式、新型工业化与朴实简约的自然之道、因地制宜及尊重历史文化、全寿命周期及综合效益（经济、社会、环境）相统一。

4）《导则》单设章节，确定绿色建筑施工技术要点，构成绿色建筑建造过程绿色施工技术的初步框架，反映了绿色施工技术是实现绿色建筑的重要和不可或缺内容。在该章节中，绿色建筑施工技术要点包括场地环境、节能、节水、节材与材料资源四个方面，共

22 个子项条款。

（3）中国建筑技术发展纲要

1）《中国建筑技术发展纲要》（以下简称《纲要》）集中反映了我国建筑业、勘察设计咨询业技术进步的要求。

2）绿色发展成为《纲要》的主线和重要内容。《纲要》正文包括十三章，渗透了关于绿色发展的要求。其中专门针对绿色技术要求的有四章，从建筑节能到绿色建筑，从新型建材与制品到建筑设备技术研发，均分别单设一章，对构成建筑技术的重要分支体系作出了绿色发展的要求；在建筑施工新技术研发一章，单设一节阐述推广应用绿色施工技术、实现"四节一环保"的技术发展要求。

3）《纲要》除正文部分，还包含 14 个方面的技术政策。各技术政策同样渗透了绿色发展的要求，其中专门针对绿色发展要求的有：《建筑节能技术政策》、《绿色与可持续发展技术政策》。

4）《绿色与可持续发展技术政策》以可持续发展理论为指导，根据全生命周期原理，该政策确定了绿色建筑技术发展的 8 个具体目标，其中涉及建筑施工技术单设一条，要求开展绿色施工技术的研究与工程应用，积极应用"四新"技术，逐步发展以工厂化生产、现场装配的建筑工业化体系，减少建筑施工对环境的影响，实现建筑施工垃圾的减量化。《建筑节能技术政策》在绿色建筑技术发展的框架基础上进一步明确了建筑节能技术发展的目标、政策和措施。

5）《建筑施工技术政策》则要求在保证工程质量安全的基础上，将绿色施工技术作为推进建筑施工技术进步的重点和突破口。该政策明确了建筑施工技术发展的目标、政策和措施。

（4）中国城市污水再生利用政策

对于建筑工程施工现场各个阶段产生的污水治理，该技术政策提出了再生利用的技术措施和指导方法。

2. 绿色施工及相关标准

中国绿色施工标准体系趋势循环如图 2-31 所示。

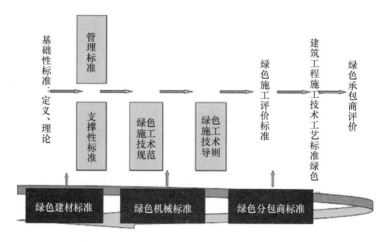

图 2-31　中国绿色施工标准体系趋势循环图

（1）绿色施工标准

1）建筑工程绿色施工规范

①《建筑工程绿色施工规范》GB/T 50905—2014 是我国第一部指导建筑工程绿色施工的国家规范。

②《建筑工程绿色施工规范》共计十一章，即：总则、术语、基本规定、施工准备、施工场地、地基与基础工程、主体结构工程、建筑装饰装修工程、建筑保温及防水工程、机电安装工程、拆除工程。

③遵循系统、科学、前瞻性与可操作性及经济性相结合原则，以建筑工程先进施工技术、工艺和管理方法为对象，规范的编制把握好施工管理与施工技术以及规范宽度、深度的关系。

④结合我国不同地区情况，本规范荐举先进技术，淘汰落后建筑技术和产品；以人、机、料、法、环，和"四节一环保"为内容，全面总结我国建筑工程施工技术、方法及经验，推广应用建筑业新技术、新工艺、新材料、新机具，实现"四节一环保"；强化施工管理和施工技术应用过程控制，保障工程施工安全和质量。

2）建筑工程绿色施工评价标准

①《建筑工程绿色施工评价标准》GB/T 50640—2010 是我国第一部有关绿色施工的国家标准。依照《绿色施工导则》（建质〔2007〕22 号），在总结绿色施工实践的基础上，该标准对绿色施工评价指标进一步甄别和量化，为建筑工程绿色施工评价提供依据。

②《建筑工程绿色施工评价标准》GB/T 50640—2010 基本章节构成主要为：总则、术语、基本规定、评价框架体系、环境保护评价指标、节材与材料资源利用评价指标、节水与水资源利用评价指标、节能与能源利用评价指标、节地与土地资源利用评价指标、评价方法、评价组织和程序。

③该标准明确建筑工程绿色施工的目标和技术、管理要求，规定从施工策划、材料采购、现场施工到工程验收等施工全过程实施绿色施工的评价，加强了整个施工过程的管理和监督。

④该标准加强了建筑工程绿色施工评价管理，规范了绿色施工评价行为，加快了绿色施工评价管理标准化、规范化，确保通过科学管理和技术进步，最大限度地节约资源和减少对环境的负面影响，实现施工过程"四节一环保"。

⑤该标准规范了绿色施工评价的方法，实施评价的基本思路是：简便、实用、有效。评价格次分为不合格、合格和优良三个档次。单位工程绿色施工评价分三个评价阶段、五个评价要素（即"四节一环保"）、按三类评价指标（即：控制项、一般项和优选项），评出相应格次，最后按每个批次评价分数的加权平均值，分别确定绿色施工阶段和单位工程的绿色格次。

⑥该标准既适用于建筑工程绿色施工的合格性评价，也适用于建筑工程绿色施工的社会评优。

（2）基础性管理标准

1）三大管理体系系列标准

① ISO 9000、ISO 14000、OSHAS 18000 三大标准族是指导组织构建科学化、系统化、标准化质量管理体系、环境管理体系、职业健康和安全管理体系的系列国际标准，也

是指导组织实施绿色施工重要的基础性标准。

② 三大管理体系系列标准均以戴明原理为基础，遵照 PDCA 循环原则，崇尚不断提升、持续改进的管理思想；三者都运用了系统论、控制论、信息论的原理和方法；三者均以满足顾客或社会、员工和其他相关方的要求为最高追求，以推动现代化企业持续取得最佳绩效；三者均突出体现了以人为本的思想，关爱人的生存、生产、生活的安全、健康，尊重和保护人类赖以生存和发展的自然环境。

③ ISO 14001 和 OSHAS 18000 标准，均围绕环境因素与危险源辨识为主线展开，而 ISO 9001 标准则以产品形成的要求为主线展开。要求组织在策划质量管理体系时，要制定质量方针，识别自己的产品、顾客和顾客对产品的要求，同时建立质量目标，为产品的实现进行策划，质量目标策划输出的质量计划类似于 ISO 14001 和 GB/T 28001 标准中的管理方案。在过程的策划中，产品实现的策划类似于 ISO 14001 和 OSHAS 18000 标准中对运行活动的规划。产品实现过程基本等同于 ISO 14001 和 OSHAS 18000 标准中的运行控制。运行控制的实质是对可能造成质量损失的过程进行控制。监视和测量的主要目的是发现和处置与产品要求的不符合之处，并采取纠正和预防措施，而管理评审则是实现体系持续改进的重要手段。

④ 推行绿色施工应以贯彻三大管理体系为基础，坚持持续改进的原则，不断促进绿色施工取得实质性进展。

2）建设工程项目管理规范

① 国家标准《建设工程项目管理规范》GB/T 50326—2006 是指导我国工程项目管理的重要规范，也是推进绿色施工所必须遵循的重要规范之一。

② 规范共 18 章、69 节、328 条，主要内容包括：项目范围管理、项目管理规划、项目管理组织、项目经理责任制、项目合同管理、项目采购管理、项目进度管理、项目质量管理、项目职业健康安全管理、项目环境管理、项目成本管理、项目资源管理、项目信息管理、项目风险管理、项目沟通管理、项目收尾管理等。

③ 该规范明确了建设工程项目管理的模式，贯彻了项目实施过程设计、采购、施工一体化管理的理念，为工程总承包企业和项目管理企业提供了实施依据，有利于培育和发展工程总承包公司和工程项目管理企业。

④ 借鉴国际上两大项目管理知识体系（美国的 PMP 与欧洲的 IPMP），该规范结合我国建设工程项目管理实践，通过 18 章规范内容，对建设工程项目管理作出了较为科学的规定。

⑤ 该规范把环境管理和职业健康安全管理分别单列一章，把现场管理作为环境管理中的一节，充分体现了以人为本和重视环境管理的思想。

（3）支撑性标准

1）建筑节能工程施工质量验收规范

《建筑节能工程施工质量验收规范》GB/T 50326—2006 共分为 15 章及 3 个附录。内容包括：墙体、幕墙、门窗、屋面、地面、采暖、通风与空气调节、空调与采暖系统冷热源及管网、配电与照明、监测与控制、建筑节能工程现场实体检验、建筑节能分部工程质量验收。本规范特别强调：单位工程竣工验收应在建筑节能分部工程验收合格后进行。

2）污水排入城镇下水道水质标准

①《污水排入城镇下水道水质标准》CJ 343—2010 规定了排入城市下水道污水中 35 种有害物质的最高允许浓度。有害物质的测定方法依据本标准的规范性应用文件执行。对于水质标准，根据城镇下水道末端污水处理厂的处理程度，将 46 个控制项目分为 A、B、C 三个等级，即下水道末端污水处理厂采用再生处理应符合 A 等级的规定；采用二级处理时应符合 B 等级的规定；采用一级处理时符合 C 等级的规定；无污水处理设施时排放的污水水质不得低于 C 等级的要求，应根据污水的最终去向，执行国家现行污水排放标准。如三氯乙烯的最高允许值为 A 等级：1mg/L；B 等级：1mg/L；C 等级：0.6mg/L。水质超过本标准的污水，按有关规定和要求进行预处理；不得用稀释法降低其浓度，排入城市下水道。

② 本标准规定总汞、总镉、铬等九个项目以车间或车间处理设施的排水口抽检浓度为准，其他控制项目以排水户排水口的抽检浓度为准。排水户的排放口应设置排水专用检测；对重点排水户，应安装在线监测装置。

3）工程施工废弃物再生利用技术规范

①《工程施工废弃物再生利用技术规范》GB/T 50743—2012 适用于建设工程施工过程中废弃物的管理、处理和再生利用，也规定了工程施工废弃物再生利用的基本技术要求。但不适用于已被污染或腐蚀的工程施工废弃物的再生利用。

② 本规范主要技术内容共分九章 29 条，主要技术内容包括：总则、术语和符号、基本规定、废混凝土再生利用、废模板再生利用、再生骨料砂浆、废砖瓦再生利用、其他工程施工废弃物再生利用、工程施工废弃物管理和减量措施。内容覆盖全面。

4）建筑施工场界环境噪声排放标准

《建筑施工场界环境噪声排放标准》GB 12523—2011 规定了建筑施工场界环境噪声排放限值及测量方法，适用于周围有噪声敏感建筑物的建筑施工噪声排放的管理、评价及控制，市政、通信、交通、水利等其他类型的施工噪声排放也可参照本标准执行。但不适用于抢修、抢险施工过程中产生噪声的排放监管。

5）防治城市扬尘污染技术规范

《防治城市扬尘污染技术规范》HJ/T 393—2007 规定了防治各类城市扬尘污染的基本原则和主要措施，道路积尘负荷的采样方法和限定标准。适用于城市规划区内各类施工工地，铺装与未铺装路面，广场及停车场，各类露天堆场、货场及采矿采石场等场所和活动产生扬尘的污染防治。防治施工扬尘污染部分是本标准中较为重要的内容。

6）其他相关标准

《绿色建筑评价标准》GB/T 50378—2014；

《建筑工程生命周期可持续性评价标准》（未实施）。

三、施工现场标准化管理概述

多年来，由于建筑业本身固有的露天作业多、危险性大等特点，在传统的粗放的施工现场管理模式下，社会把"建筑工地"当成了脏乱差的代名词，"建筑工人"也成了素质低下人群的典型代表。作为工程建设的重要环节，建筑施工现场管理水平高低不仅事关工程质量安全，而且直接影响到建筑业的长远健康发展，影响到城市建设的质量和水平。因此，施工现场推行标准化管理是建筑业管理方式的重大革新，是重塑建筑业形象、提高行业竞争力的重大举措，是建筑行业发展的必然选择。

（一）目前施工现场管理存在的问题及原因分析

标准化示范工地的创建数量和质量很大程度上反映了施工企业标准化管理水平的高低。从近几年标准化示范工地分布情况来看，各地推行施工现场标准化管理发展水平存在较大差距，地区之间，各类工业园区、城市结合部和村镇工程标准化推广工作相对滞后，大部分工程执行标准不到位，现场管理不规范。部分企业主动意识差，对标准化管理的认识和理解还不够深刻，执行标准不够高。有的企业对标准化管理的理解还不够深刻，认为创建标准化工地只是硬件投入，忽视了软件建设。个别企业临建达到一流水平，软件处于二流状态，内部管理一片混乱，主要表现在项目部人员不齐，工作涣散无力，总包指挥不动分包；技术工人持证上岗率达不到规定要求；部分企业现场管理人员无劳动合同、无社会保险；班前教育形同虚设，没有实质性内容；技术交底不详细，没有指导性、针对性，作业人员对危险因素不清楚、不明白；质量管理控制措施未落实，工程实体仍存在部分质量通病。这些现象说明了部分企业从根本上误解和违背了建筑施工现场标准化管理的本质内涵。

（二）施工现场标准化管理的释义及内涵

建筑施工现场管理标准化就是借鉴工业生产标准化理念，通过引进系统理论，对施工现场安全生产、文明施工、质量管理、工程监理、队伍管理、合同履行等要素进行整合熔炼、缜密规范，形成密切相关、交织科学的施工现场管理新体系。其目标是以实施施工现场管理标准化为突破口，整合管理资源，建立有效的预防与持续改进机制，全面改革现场管理方式和施工组织方式，从而提高企业管理水平，提高政府监管和产业发展水平。

其内涵和特点主要包括以下几个方面：

一是将以往分割、独立的安全生产文明施工管理、质量管理、工程管理、队伍管理进行整合与熔炼，使四项管理互相渗透、互为作用，成为一个统一的管理体系，并将国际通行的质量、安全、环保三大管理标准的管理理念与管理方法有机融入其中，优化管理流程，形成管理合力，实现管理理念与管理方式的升华，促进施工现场由传统管理向现代管理的转变。

二是对施工现场人、机、料、法、环五大生产要素的协调、有序管理作出标准化要求，注重建筑施工对周边环境的影响，体现可持续发展观和绿色建筑的管理理念，实现场容场貌的秩序化，进而彻底扭转社会对建筑施工现场"脏、乱、差"的传统印象，塑造全新的行业形象。

三是体现"以人为本"的管理理念，把对从业人员的职业技能、职业素养、行为规范的要求贯穿于标准化的全过程，建立对从业人员和执行行为的自律约束机制，促进行业素质的快速提升。

四是提出工程建设活动全过程的行为准则和检查考核标准，建立监督制约机制，使企业对应做什么、如何做、做到何种程度明明白白，大大提高其自控意识和自控能力，实现市场行为的规范化。

五是对工程活动的各个环节实行程序化管理，做到质量与安全管理环环相扣、层层把关，始终处于受控状态；尤其是通过标准化管理体系的进行，建立预防与持续改进机制，有效消除质量安全隐患，提升质量安全管理水平。

（三）推行施工现场标准化管理的意义

建筑施工现场管理作为建筑业运行的平台和载体，既是矛盾的集中点，又是工作的着力点。推行施工现场标准化管理既是抓住了建筑业创新的关键点，又是新时期施工现场管理的最低要求，这对转变施工现场管理，提升行业形象，增强产业发展后劲，提高政府监管水平和服务效能，具有深远的社会意义和现实意义。

1）实施"标准化管理"适应了构建和谐社会的需要，进一步确保了工程质量安全。就建筑业来讲，离开施工安全和质量保证，和谐社会、社会稳定就失去了前提。以前，许多建筑施工现场实行的是经验式管理、运动式管理、作坊式管理，管理理念落后、管理方式陈旧、管理方法简单、管理体系有缺陷、管理机制有漏洞。现在把施工现场各类质量的所有相关要素最大限度地整合，使其系统化、规范化、信息化、精细化，符合工地管理的发展方向，最大限度地减少质量安全事故，为构建和谐社会作贡献。

2）实施"标准化管理"适应了创建节约型社会的需要，提高了企业的经济效益和社会效益。长期以来，许多建筑施工现场实行的是粗放式管理，机械、材料、人工等浪费严重，生产成本高，经济效益低，能源消耗和发展效率极不匹配。实行标准化管理，把科学管理落实到工地的每个细节、每个过程、每个岗位，使各项管理流程程序化，实现对现场的准确、快速、全过程的监管，不仅有利于现有施工规范条件下的生产节约、降低成本，而且有利于把建筑节能新技术、新产品真正运用到实践中，加快技术创新，促进技术进步，促进建立循环经济模式和创建"节约型社会"。

3）实施"标准化管理"适应了建设文明社会的需要，提高了产业文明度，提升了行业新形象。长期以来，由于建筑业露天施工、农民工高度集中等自身特点，建筑业的社会形象与其社会贡献极不对称。建筑工地的"脏、乱、差"给人们留下了很差的印象。实行标准化管理，可以进一步强化文明施工，改变场容场貌，并不断增强农民工的文明意识，逐步使农民工向产业工人、文明工人过渡，从而全方位地提高产业文明度，提升产业新形象。

4）实施"标准化管理"适应了时代发展的需要，提高了企业管理水平和政府监管水平。管理标准把原来比较分散的质量、安全、队伍管理等各项重点管理要求有机地整合串联起来，形成一个清晰、明确的链条，有利于企业学习掌握和在实践中有效贯彻。同时，标准化管理有利于行业主管部门对企业的行业管理，促使企业不断查找管理缺陷，堵塞管理漏洞，实现政府监管方式从运动突击式和重审批、重处罚向长效的管理服务型转变。

（四）推行施工现场标准化管理的主要措施

推进标准化工地建设采取先试点、后推广、分段推进、由点及面的方式，通过强化保障措施、强化激励机制、强化监督检查，不断巩固和扩展标准化工地创建成果，塑造全新的行业形象。

1. 加强宣传教育，提高企业自控意识和自控能力

一是加强宣传教育。把《建筑施工现场管理标准》（试行）作为培训教育的重点教材，通过专题培训、职工业余学校、知识竞赛、巡回演讲等各种形式深入学习；通过观摩会、交流会、总结会、加强现场指导等措施，使各级管理人员进一步明确标准；充分运用报纸、电视、网络等媒体报道标准化工地建设成果，积极扩大社会影响。

二是加强标准化管理知识培训。通过讲座、观摩、竞赛等多种形式，组织企业负责人、项目经理、技术负责人等不同层面的人员对标准化管理知识进行深入学习，提高其对标准化管理的认识水平和执行能力。农民工是标准化管理的贯彻者和受益者，只有注意对他们的教育培训，只有农民工素质提高了，标准化管理才能搞得更好。

三是加强企业内部建设。要将标准化管理的理念、价值观念、行为准则和企业形象贯穿于建筑施工现场的全过程，把企业文化的渗透力、软动力转化为对企业竞争力、企业形象的一致性目标上来。特别要加强对二、三级企业创建示范工地的培育。加大对其进行标准化管理交底力度，讲明应把握的重点环节和内容，提高二、三级企业创建示范工地的积极性和通过率。

2. 强化激励机制，激发标准化创建动力

一是完善奖励机制。将标准化管理情况与市场主体管理考核紧密挂钩。凡是创建标准化示范工地的企业和从业人员，在市场主体考核中给予业绩加分，与企业资质管理、执业资格管理、评先评优等进行联动，在参加投标时予以加分奖励，使积极创建、管理规范者得到实惠，得到扶持和发展。同时，加大对二、三级企业创建示范工地的奖励政策，调动其各方的创建积极性。

二是建立硬件循环机制。引导成立临建设施、防护设施的租赁公司，以提高资源利用率，降低企业成本，解决二、三级企业实行标准化管理一次性投入负担过重的问题。深入研究施工现场硬化问题，组织技术人员、科研人员研究解决施工现场硬化材料不能周转使用造成浪费的问题。

三是改进硬件设施，大力发展循环经济。在推广现有临建设施和防护性设施系列产品的基础上，研制、开发了设备防护棚、楼梯防护栏杆、脚手板固定夹等定型化、工具化安

全防护装置，使设施的拆装更方便、安全性能更高、周转次数更多，既降低了企业成本，又节约了资源。

3. 把握过程控制，提高标准化示范工地的创建质量

一是突出工作重点，把好重点环节。在工程招标投标、办理安全报监手续、日常的监督检查和工程项目竣工验收备案等重点环节，对安全生产、文明施工措施费的拨付情况进行严格把关，对建设单位的违规行为进行有效制约，确保创建费用到位。

二是实行"全过程动态管理"。从工程办理安全报开始，就全面落实标准化管理的各项要求。自示范工地申报至工程竣工的全过程，由质检、安监、队伍管理、监理管理等标准化管理的相关部门做好日常的监督检查。在集中评审过程中，严格标准，从严把关，确保评审的公平、公开、公正。

4. 强化监管检查，加大对违法违规行为的查处力度

一是严把开工关口。将标准化管理的硬件设施作为工地开工前的审查条件严格把关，凡是施工现场临建设施作为工地开工前的审查条件严格把关，凡是施工现场未达到标准化管理的，一律不予办理安全保监手续。

二是强化日常监督。按照标准化年度工作目标，各建设行政主管部门实行严格的目标责任管理，各质监、安监部门的监督员，对所监督的工程加大监督检查力度和频次，发现达不到标准化要求的，一律予以停工整改。

三是对薄弱区域强化监管。建立健全工业园区、村镇工程监管力量，科学合理地确定工作职责，划分管理权限，明确相关人员责任，强化基本建设程序的管理，切实加大对工业园区、村镇工程的监管力度。

四是实行分级管理。对建筑施工现场划分不同等级进行差异化管理，对被评为标准化示范工地不同等级的工程，按照奖罚政策进行奖励和惩处，加强部门联动管理，向社会公布考核评选结果，达到奖优罚劣的目的。

四、施工区标准化管理

（一）基础设施标准化

1. 施工现场大门

施工现场大门通常有两种，一种是门楼式大门，往往用作施工现场的主大门，另一种是无门楼式大门，往往作为辅助门。企业根据自己的 CI 规划提出具体的要求。

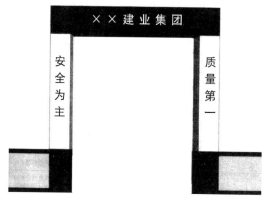

图 4-1　门楼式大门

（1）门楼式大门

门楼式大门示例如图 4-1 所示。

1）门柱：门柱为钢结构主体架，外封彩钢板或薄钢板；

2）门楣（灯箱）：采用户外喷绘；

3）伸缩式移动大门；

4）大门外侧品牌墙；

5）大门内侧品牌墙；

6）门禁系统及门卫室：安装在大门左（右）侧，闸机数量根据实际需要确定；

7）主大门两侧宜设置花坛或花盆，绿化施工现场环境。

（2）无门楼式大门

无门楼式大门示例如图 4-2 所示。

1）大门：大门一般采用钢板焊制；

2）门柱：门柱一般为砖砌；

3）门禁系统及门卫室：安装在大门左（右）侧，闸机数量根据实际需要确定。

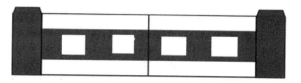

图 4-2　无门楼式大门

2. 施工现场围墙

施工现场实行封闭式管理，围墙坚固、严密，高度应符合行业和地方标准，围墙材质使用专用金属定型材料或砌块砌筑，围墙表面应平整、清洁。

（1）砖砌式围墙

1）围墙砌筑应符合相关规范要求，围墙高度 2m，上方加高度 0.2m 的墙帽；

2）外侧墙面：根据企业 CI 策划要求涂成相应颜色，配相应文字或图标；

3）内侧墙面：根据企业 CI 策划要求涂成相应颜色，配相应文字或图标。

（2）金属式围墙

采用装配式彩钢板，尺寸一般为0.80m×2m。

3. 门卫室

门卫室示例如图4-3所示（图4-3b为门卫室正面，图4-3c为门卫室侧面）。

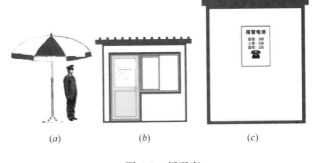

（1）采用彩钢板板房，应设置遮阳伞；

（2）侧墙粘贴报警电话牌（火警"119"，匪警"110"，急救"120"的报警牌）；

图 4-3　门卫室

（3）门牌标识一般同办公室门牌一致；

（4）内部：整洁干净，地面为瓷砖或水泥地，悬挂门卫责任制图牌，制作方式和办公室图牌一致。

4. 预制路面道路

场内道路设置应符合标准的规定，临时道路应采用装配式可周转使用的预制路面板，道路地基弹性模量不小于40MPa，承受载重不大于40t，重型板采用C25混凝土、轻型板采用C20混凝土，施工现场应人车分离，设置专用车道，限速牌齐全，限速牌示例如图4-4所示。

图 4-4　限速牌

5. 车辆冲洗装置

施工现场主要车辆出入口设置高效洗轮机，其他车辆出入口设置车辆冲洗设施。

（1）高效洗轮机

高效洗轮机应选择专业厂家设备，按照图纸要求制作和安装。示例如图4-5所示。

（2）车辆冲洗设施

1）现场大门内侧设置洗车槽，配置高压水枪；

2）设置排水设施及沉淀池，沉淀池宜采用三级沉淀；

图 4-5　高效洗轮机

3）洗车水源应循环利用。

6. 施工图牌

施工图牌效果图示例如图 4-6 所示。

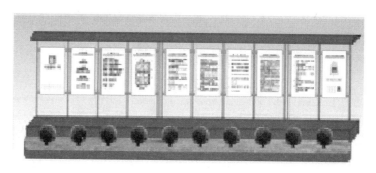

图 4-6 施工图牌效果图

（1）架体材质一般为不锈钢框、不锈钢柱，置于施工区正门入口处；

（2）图牌：竖式长方形（高宽比 3∶2），尺寸为 120cm×80cm，镶嵌于不锈钢橱窗内；

（3）图牌一般顺序为工程简介、施工现场平面图、项目组织机构图、质量保证体系、安全生产管理制度、消防保卫制度、文明施工管理制度、环境保护管理制度、突发事件应急响应流程图（工程创优目标、项目工期倒计时等图牌可根据需要自行选择）。

图 4-7 导向牌

7. 导向牌

导向牌示例如图 4-7 所示。

企业应对导向牌材质、尺寸、文字、颜色等作出统一的要求，应根据现场情况设置多个导向牌。

8. 公示牌

企业应对公示牌材质、尺寸、文字、安装、颜色等作出统一的要求，公示牌内容一般包括：工程名称、面积、建筑高度、建设单位、设计单位、施工单位、监理单位、项目经理及联系电话、政府监督人员联系电话、开竣工日期。

9. 喷淋降尘系统

施工现场应根据规定在主要道路两侧设置能够有效降尘的喷淋系统，喷淋系统包括管道、喷雾头、加压水泵、定时器等，喷雾头宜每隔 3000mm 设置一个。现场喷淋系统布局示意如图 4-8 所示，现场喷淋系统如图 4-9 所示。

10. 视频监控系统

施工现场设置视频监控系统，在车辆主要出入口、塔式起重机或其他位置设置监控头，对施工现场进行全方位覆盖，监控系统宜与公司总部进行联动，施工现场重大危险源处监控示例如图 4-10 所示，塔式起重机处监控示例如图 4-11 所示，现场监控室监控示例如图 4-12 所示。

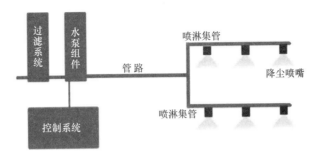

图 4-8　现场喷淋系统布局示意图

图 4-9　现场喷淋系统

图 4-10　重大危险源处监控　　　　　图 4-11　塔式起重机处监控

图 4-12　现场监控室监控

（二）脚手架

1. 落地式脚手架

（1）搭设应符合规范要求，剪刀撑应连续设置，横杆露出架体外立面长度为 100～150mm，每隔 3 层或 10m 设置一道 200mm 高警示带，固定于立杆外侧；

（2）脚手架钢管表面涂刷黄色油漆，剪刀撑和警示带表面涂刷红白警示漆，脚手架内侧满挂绿色密目安全网，安全网封闭严密，张紧、无破损，颜色新亮；

（3）脚手架外侧悬挂楼层提示牌。

脚手架搭设示例如图 4-13 所示。

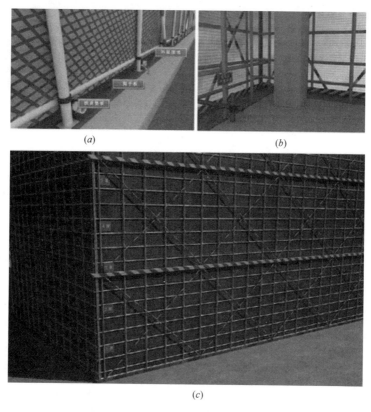

(a)　　　　　　　　　　　(b)

(c)

图 4-13　脚手架搭设
（a）脚手架基础；（b）脚手架搭接；（c）脚手架搭设效果图

2. 悬挑式脚手架

（1）悬挑钢梁截面尺寸应经设计计算确定，不小于 16 号工字钢，工字钢涂刷红白警示漆；

（2）脚手架钢管表面涂刷黄色油漆，剪刀撑和警示带表面涂刷红白警示漆，脚手架内侧满挂绿色密目安全网，安全网封闭严密，张紧、无破损，颜色新亮；

（3）脚手架架体及悬挑梁固定符合规范要求，架体底层应采用硬质防护进行封闭，硬质防护底面涂刷黄色油漆，每隔 3 层或 10m 设置一道 200mm 警示带，固定于立杆外侧，

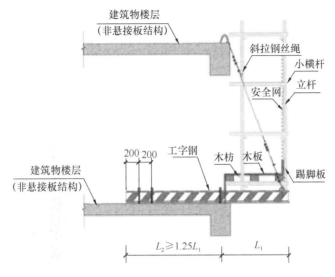

图 4-14　悬挑脚手架剖面示意图

当防护高度超过 100m 时，每隔 10m 设置黄色密目安全网警示带，横杆露出架体外立面长度为 100～150mm。

悬挑脚手架剖面示意图如图 4-14 所示，悬挑脚手架效果图如图 4-15 所示，悬挑梁固定及防护示意图如图 4-16 所示。

图 4-15　悬挑脚手架效果图

图 4-16　悬挑梁固定及防护示意图

3. 附着式升降脚手架

（1）附着式升降脚手架应采用集成式，升降脚手架底层满铺硬质防护翻板，架体外排里侧采用金属网片或打孔轻质金属板全封闭，每隔 3 层或 10m 设置一道 200mm 警示带；

（2）脚手架一切搭设应符合标准规范要求。

附着升降式脚手架实景图如图 4-17 所示。

4. 卸料平台

卸料平台采用悬挑式钢平台，平台搭设应有专项设计方案，使用前应进行验收。

（1）悬挑主梁应使用整根槽钢（或工字钢），型号不得小于 [20，两侧应分别设置前后两道斜拉钢丝绳，钢丝绳直径不小于 21.5mm，锚固端预埋 ϕ20U 形环；

图 4-17　附着升降式脚手架实景图

（2）卸料平台底部应满铺脚手板，并固定牢固，与外架封闭严密；

（3）设置不低于 1.5m 的防护栏杆，栏杆内侧设置硬质材料的挡板并刷红白警示漆，卸料平台应做限载标识牌；

（4）卸料平台限载标识牌采用镀锌钢板或铝塑板或户外写真覆 5mm 发泡板制作，面层采用户外车贴，尺寸为 450mm×300mm，固定于平台入口左侧上部。

卸料平台效果图如图 4-18 所示。

图 4-18　卸料平台效果图

（三）材料码放

1. 钢筋堆放

（1）钢筋堆放区地面平整夯实并进行硬化，周围用工具式护栏进行隔离；

（2）钢筋原材应集中码放在钢筋架上，钢筋架用混凝土浇筑基础结构，间隔 1000mm 浇筑一道，并在其上预埋型钢；

（3）钢筋架表面间隔 400mm 刷倾斜角度 45°红白警示漆。

钢筋堆放架示例如图 4-19 所示。

2. 大模板堆放

（1）大模板存放场地应用混凝土硬化；

（2）场地四周搭设 1.2m 高防护栏，刷红白相间油漆，立面悬挂密目安全网。

大模板存放区效果图示例如图 4-20 所示。

图 4-19　钢筋堆放架　　　　　图 4-20　大模板存放区效果图

3. 其他材料码放

（1）建筑材料、构件、料具应按总平面布局分类码放，零散物料设置容器或封闭覆盖；

（2）材料标识牌采用镀锌钢板或铝塑板制作，宽×高为 450mm×300mm，蓝边、白底、黑字；

（3）标识牌支架采用方钢和槽钢焊接，材料标识清楚。

材料标识牌示例如图 4-21 所示。

4. 气瓶存放

（1）移动式氧气、乙炔瓶仓库采用角钢焊接骨架，周围焊接钢丝网，正立面悬挂警示标识牌；

（2）整体焊接牢固。

5. 机电加工区

施工现场机电加工统一设置，采用流水线施工，原材进场、切断、加工、刷漆、成型等各环节分区操作，流水作业。

机电加工区设置示例如图 4-22 所示。

材料标识牌	
材料名称：	生产厂家：
规　格：	进厂日期：
质　量：	联系人：
检验和实验状态：	

图 4-21　材料标识牌　　　　　图 4-22　机电加工区设置

（四）安全防护

1. 安全通道防护

（1）安全通道防护棚采用型钢搭设，由立柱、侧边防护网和警示标识三部分组成，可用于人员出入的安全通道、施工升降机首层防护棚、物料提升机首层防护棚；

（2）多层建筑防护棚长度不小于 4000mm，高层建筑防护棚长度不小于 6000mm；

（3）防护棚采用双层顶棚形式，顶层满铺 50mm 厚脚手板，两层板之间应保持 500mm 间距；

（4）防护棚外侧用钢网封闭，内侧悬挂"安全展板"。

安全通道防护效果图示例如图 4-23 所示。

图 4-23　安全通道防护效果图

2. 临边防护

根据工程施工的需要，临边防护可以做成不同的形式。

（1）形式一

1）采用 30mm×30mm×1.35mm 方钢制作，立柱采用 50mm×50mm×2.5mm 方钢，底座为 150mm×100mm×8mm 孔钢板并使用 $\phi 12 \times 4$ 个膨胀螺栓与地面固定牢靠；

2）防护栏杆立杆高度 1200mm，栏杆高度 1170mm，标准长度为 2000mm 每档，刷红白警示漆并在中间位置设置 180mm 高安全警示标语牌，底部设 200mm 高红白相间挡脚板。

临边防护形式一立面图示例如图 4-24 所示。

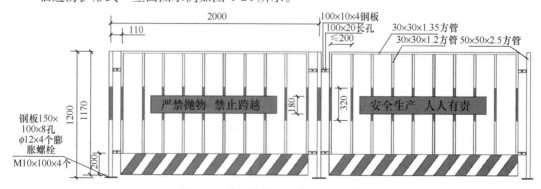

图 4-24　临边防护（形式一）立面图

（2）形式二

1）立柱采用 40mm×40mm×3mm 方钢，底座为 120mm×120mm×10mm 孔钢板并使用 φ12×4 个膨胀螺栓与地面固定牢靠；防护栏外框采用 30mm×30mm×1.35mm 方钢，中间采用钢板网，钢丝直径或截面不小于 2mm，网孔边长不大于 20mm。

2）防护栏杆立杆高度 1200m，每档标准长度为 1900、1500mm，每档刷红白警示漆并在中间位置设置 250mm 高安全警示标语牌，底部设 200mm 高红白相间挡脚板。

临边防护形式二立面图示例如图 4-25 所示，临边防护效果图及实景图如图 4-26 所示。

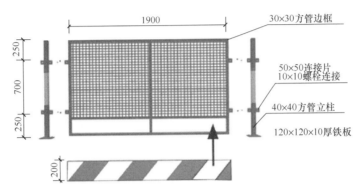

图 4-25　临边防护（形式二）立面图

图 4-26　临边防护效果图及实景

3. 水平洞口防护

（1）边长不大于 1500mm 的洞口防护

1）楼板、屋面和平台等面上短边尺寸小于 500mm 的洞口，采用盖板方式防护，短边尺寸在 500～1500mm 之间的洞口，采取预留钢筋网片加盖板方式防护；

2）采用盖板防护，盖板应坚实，盖板与洞口外沿搭接长度不小于 100mm，盖板须保持四周搁置均衡，并用钢钉将盖板与卡固在洞口上的木方钉牢，防止盖板移位；

3）采用钢筋网片防护，钢筋直径不小于 6mm，网格间距不得大于 150mm；

4）盖板上表面刷红白相间警示漆和黑色"严禁挪移"字样。

洞口防护俯视图及剖面图示例如图 4-27 所示。

（2）边长不小于 1500mm 的洞口防护

1）短边长度超过 1.5m 的孔洞，四周应使用工具式临边防护，孔洞中间设置水平安全网，若洞口尺寸过大，无法设置水平安全网的，应采取硬质防护措施，并刷红白相间警

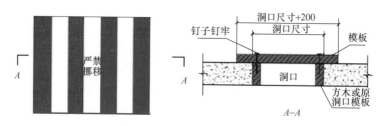

图 4-27　洞口防护俯视图及剖面图

示漆。

2）工具式防护栏杆制作尺寸要求见临边防护。

洞口防护效果图及实景图示例如图 4-28 所示。

图 4-28　洞口防护效果图及实景图

4. 电梯井（管道井）口防护

（1）电梯井（管道井）口安装 1500mm 高工具式防护门，竖向钢筋间距不得大于 150mm，防护门底部安装 200mm 高挡脚板，采用 30mm×30mm×1.35mm 方钢制作，防护高度地方政府另有要求的，执行当地要求；

（2）防护门和挡脚板刷红白警示漆。

电梯井防护立面图及效果图示例如图 4-29 所示。

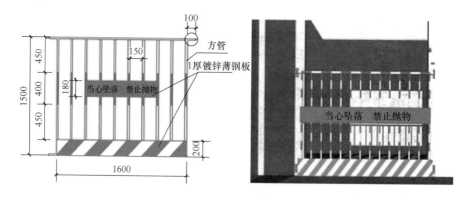

图 4-29　电梯井防护立面图及效果图

5. 楼梯防护

（1）采用工具式楼梯防护，立杆高度 1300mm，立杆应固定在楼板（采取预埋钢板）

上或立杆底部焊接钢板（钢板规格 5mm×150mm×150mm）用膨胀螺栓与结构板面固定，梯段长度大于 2000mm 时，中间须增设一根立杆；

（2）楼梯防护栏杆遇转角处，栏杆连接应采用套管式连接法（套管采用内径大于 48mm 的钢管，套管打孔，用螺栓固定连接杆件），杆件插入套管深度不小于 200mm；

（3）防护栏杆涂刷红白安全警示漆。

楼梯防护实景图及效果图示例如图 4-30 所示。

图 4-30　楼梯防护实景图及效果图

（五）施工机械

1. 施工升降机

（1）施工升降机首层出料口防护棚同安全通道防护棚

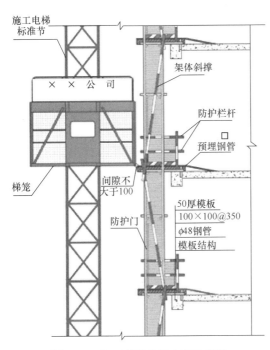

图 4-31　施工升降机侧立面示意图

（2）施工升降机运料平台临边防护

1）施工升降机楼层运料平台应自成一体，并与结构进行可靠有效的连接；

2）运料平台按照图示要求搭设；

3）运料平台两侧应采用双道防护栏杆进行防护，上栏杆高 1200mm，下栏杆高 600mm。立杆内侧满挂绿色密目安全网，下设 200mm 高挡脚板，平台下方满挂双层水平大眼网。防护栏杆、挡脚板刷涂红白相间警示漆。

施工升降机侧立面示意图示例如图 4-31 所示。

（3）施工升降机运料平台防护门

1）施工电梯平台出口安装 1800mm 高对开式防护门，防护门可采用钢管和钢网焊接而成（外框可采用 DN32 钢管，横杆可采用 DN25 钢管），门的下沿距平台

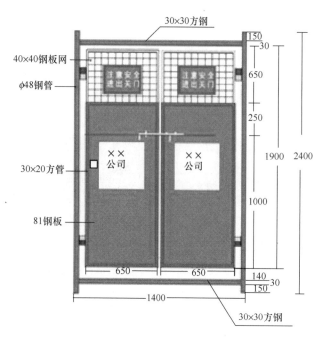

图 4-32 电梯门制作图

不应超过 100mm；

2）平台两侧设置双道防护栏，上道栏杆高 1200mm，下道栏杆居中设置，防护栏杆内侧张挂密目安全网封闭，并设置 200mm 高挡脚板，平台外侧挂楼层标识牌，平台下方满挂双层水平大眼网；

3）防护门朝向梯笼一侧设置门闩；门框及横杆、防护栏杆均刷红白相间警示漆，防护门朝向梯笼一面正中一般设置企业标识。

电梯门制作图示例如图4-32所示。

（4）施工升降机验收牌

1）设置于施工升降机首层出料口防护棚内侧左上方；

2）验收牌边框用 20mm×20mm×2mm 方钢，中间间隔 500mm 焊接方钢龙骨，正面焊 0.8mm 厚镀锌薄钢板，面层采用户外车贴制作，尺寸不小于 1600mm×1200mm，验收牌应包括：安全操作规程、设备产权登记牌、设备使用登记牌、操作人员操作证、验收时间及其他。

施工升降机验收牌示例如图 4-33 所示。

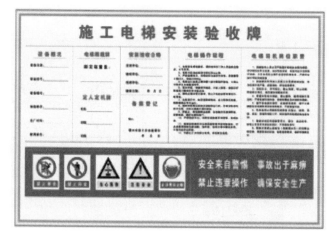

图 4-33 施工升降机验收牌

（5）施工升降机限载标志牌

在每个梯笼的明显位置，悬挂限载标志牌。施工升降机限载标志牌示例如图 4-34 所示。

2. 塔式起重机

（1）塔式起重机基础防护栏

1）为防止非操作人员攀爬塔式起重机，在塔式起重机基础周围设置工具式防护栏围挡；

2）门尺寸为1900mm×1200mm，内外上锁。

塔式起重机基础防护栏杆挡板制作图及防护效果图如图4-35所示。

（2）塔式起重机附着操作平台

1）材料：采用钢管搭设，涂刷红白警示漆；

2）尺寸为：4000mm×4000mm（长度×宽度），高度1200mm；平台满挂绿色密目安全网，满铺脚手板。

图 4-34　施工升降机限载标志牌

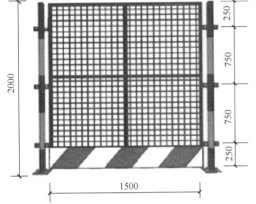

图 4-35　塔式起重机基础防护栏杆挡板制作图及防护效果图

附着操作平台制作图及效果图示例如图4-346示。

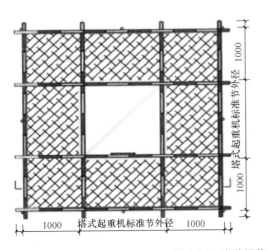
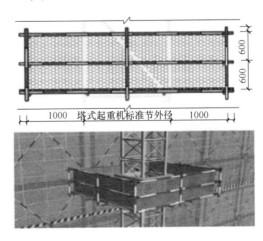

图 4-36　附着操作平台制作图及效果图

（3）塔式起重机验收牌

1）施工现场塔式起重机安装验收合格后应在离地高度不小于3m的塔式起重机标准

节上悬挂塔式起重机验收牌；

2）验收牌边框用 20mm×20mm×2mm 方钢，中间间隔 500mm 焊接方钢龙骨，正面焊 0.8mm 厚镀锌薄钢板，面层采用户外车贴制作，尺寸不小于 1600mm×1200mm，且按照塔式起重机标准节宽度确定验收牌宽度；

3）验收牌内容包括：安全操作规程及"十不吊"、设备产权登记牌、设备使用登记牌、操作人员操作证、验收时间及其他，字体为黑体。

塔式起重机验收牌示例如图 4-37 所示。

（4）塔式起重机编号牌

1）位置：塔身验收牌之上一个标准节位置；

2）材质及尺寸：边框用 20mm×20mm×2mm 方钢，正面焊 0.8mm 厚镀锌薄钢板，面层采用户外车贴制作，尺寸不小于 1000mm×1000mm。

塔式起重机编号牌示例如图 4-38 所示。

图 4-37 塔式起重机验收牌

图 4-38 塔式起重机编号牌

3. 机械防护棚

钢筋加工防护棚

（1）形式一

1）施工现场塔式起重机覆盖范围内的钢筋加工棚应采取双层防护，满足防雨、防砸要求；

2）防护棚采用型钢制作，主要标准配件有立柱、横梁、悬挑梁，螺栓连接组装，各地区因风力不同，应对型钢架体结构进行验算；

3）防护棚顶部设置安全标语，上下弦均为 50mm 宽黄黑警示漆，中间悬挂操作规程图牌；

4）操作规程图牌边框用（20mm×20mm×2mm）方钢制作，间隔 500mm 焊接方钢龙骨，正面焊 0.8mm 厚镀锌薄钢板，面层采用户外车贴制作，尺寸不小于 3000mm×1500mm。

钢筋加工防护棚（形式一）实景图示例如图 4-39 所示，操作规程图牌示例如图 4-40 所示。

（2）形式二

1）防护棚采用方钢制作标准节，主要标准配件有立柱、横梁、悬挑梁，螺栓连接组装；

图 4-39　钢筋加工防护棚（形式一）实景图

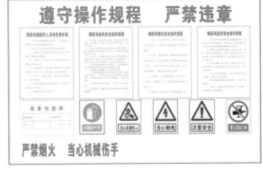

图 4-40　操作规程图牌

2）立柱长、宽、高为 500mm×500mm×1800mm，横梁及挑梁长、宽为 1500mm×500mm。

钢筋加工防护棚（形式二）实景图示例如图 4-41 所示。

（3）形式三

采用双立柱式钢筋加工防护棚。其效果图示例如图 4-42 所示。

图 4-41　钢筋加工防护棚（形式二）实景图

图 4-42　双立柱式钢筋加工防护棚

4. 单体防护棚

（1）施工现场未集中使用的中小型机械应设置单体防护棚，采取双层防护措施，满足防雨、防砸要求；

（2）单体防护棚基础施工应经设计计算确定，底部与基础采用膨胀螺栓固定。

单体防护棚效果图如图 4-43 所示。

图 4-43　单体防护棚效果图

（六）临时用电

1. 配电室

（1）位置：靠近电源，无腐蚀介质且道路通畅；

（2）设置要求：配电室材料耐火等级不低于 3 级，空间应满足规范要求，自然通风，有防止雨雪侵入和动物进入措施，门外开；

（3）消防：室内配置砂箱和可用于扑灭电气火灾的灭火器，分别设置正常照明和应急照明灯；

（4）设置警示标志，标明联系人和联系电话。

配电室实景图示例如图 4-44 所示，配电室示意图示例如图 4-45 所示。

图 4-44　配电室实景图

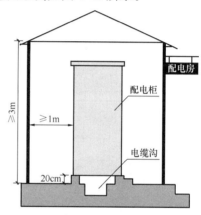

图 4-45　配电室示意图

2. 配电箱

（1）配电箱防护棚

1）配电箱防护棚应稳固安置在混凝土承台上，承台中部留置 400mm 宽沟槽，防护棚内操作空间符合规范要求；

2）顶部采用双层硬防护（间距 500mm），顶部防砸，底部防雨（有坡度），双层框架外围包 1mm 厚钢板，钢板应采用户外车贴形式粘贴安全标语、标识、编号；

3）配电箱下部应对进出电缆线采取绝缘套管保护，并作相应标注区分进出线，操作面铺设绝缘踏板或胶垫，外侧配备消防器材。

配电箱防护棚效果图示例如图 4-46 所示，电缆线绝缘套管示例如图 4-47 所示，操作面绝缘踏板示例如图 4-48 所示。

（2）配电箱标识

1）配电箱（柜）颜色为黄色或橘红色（作喷塑处理），张贴或喷涂闪电标识及验收标志；

2）双门电箱：左边门居中可粘贴企业标识，右边

图 4-46　配电箱防护棚效果图

图 4-47　电缆线绝缘套管

图 4-48　操作面绝缘踏板

门粘贴电警示标志，单开电箱左上方可粘贴企业标识，中间部位粘贴电警示标志；

3）门内侧配箱内系统图、电器元件、线号应标识清楚，并附定期检查记录表。

总配电箱、分配电箱及开关箱示例如图 4-49 所示。

3. 电缆敷设

（1）埋地敷设

沿电缆线敷设方向，设置"地下有电缆"警示标志牌，标志牌间距不得大于 30m。

（2）楼层配电

1）电缆线穿越建筑物、构筑物、道路、易受机械损伤的场所及引出地面从 2m 高度至地下 200mm 处，应加设防护套管；

2）电缆垂直敷设的位置应充分利用在建工程的竖井、垂直孔洞等，并应靠近负荷中心，固定点每层不得少于一点，水平向电缆线敷设应在墙体 2.5m 以上做支架架设，固定点须绝缘保护；

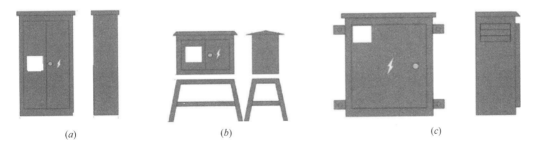

图 4-49　配电箱

（a）总配电箱；（b）分配电箱；（c）开关箱

3）水平敷设宜采用三角支架或钢索进行高挂，高度不得低于 2.5m，若因作业限制无法高挂的，可沿墙角、地面敷设，但应采取防机械损伤措施，并设警示标识；

4）楼层内固定式配电箱应考虑做重复接地，接地体应预埋，重复接地竖向距离不大于 20m（每 5 层）做一处。

图 4-50　变压器防护

变压器防护示例如图 4-50 所示。

4. 外电防护

（1）在建工程（含脚手架）的周边与外电架空线路的边线之间最小安全距离应符合规范要求，当安全距离达不到规范要求时，须采取绝缘隔离防护措施；

（2）防护架采用木质绝缘材料，防护架距外电线路不小于 1m，作业时应停电搭设，防护架距作业面较近时，应使用硬质绝缘材料封闭严密；

（3）防护架上设置警示标志，防护架顶部应悬挂彩旗，夜间应设置警示灯。

5. 道路照明

（1）施工现场道路夜间照明充足，宜采用可再生能源

道路照明实景图示例如图 4-51 所示。

（2）施工场区照明（镝灯架）

1）灯架由基础部分、标准节、平台和连接件组成，标准节截面尺寸 500mm×500mm，高 1800mm；

2）灯架应设接地装置，上下节做好跨接接地。

镝灯架实景图示例如图 4-52 所示。

图 4-51　道路照明实景图

图 4-52　镝灯架实景图

（七）消防设施

施工现场应设立符合规范要求的临时消防设施，施工现场应张挂防火宣传标志。

1. 消防泵房

（1）材料：使用不燃材料支搭，列为重点防火部位，设重点防火标识牌、防火管理制

度和值班制度；

（2）消防泵宜设置自动启动装置，不应少于两台，互为备用，高度超过 100m 的在建工程，应增设临时中转水池及加压水泵，中转水池的有效容积不应少于 $10m^3$，出水管管径不应小于 $DN100$；

（3）消防泵房应独立供电，消防配电线路应自施工现场总配电箱的总断路器上端接入，且应保持不间断供电；

（4）消防泵房应配置通信设备及启动流程图，配备应急照明灯。

消防泵房效果图示例如图 4-53 所示。

图 4-53　消防泵房效果图

2. 消火栓

（1）消火栓间距不应大于 100m，消火栓周边要设有防压、防占、围护措施；

（2）消火栓处均应配齐消防箱、消防水带、消防水枪，消火栓应配备警示标志，夜间设置警示灯；

（3）消防临时管线铺设应有防冻措施。

消火栓指示牌示例如图 4-54 所示，实景图示例如图 4-55 所示。

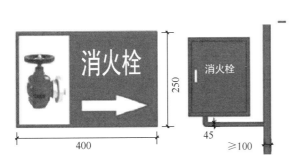

图 4-54　消火栓指示牌　　　　　　图 4-55　消火栓实景图

3. 消防器材（分类）

施工现场应设置满足要求的灭火器材，在主要道路两侧醒目位置设置消防集中点。

消防柜效果图示例如图 4-56 所示。

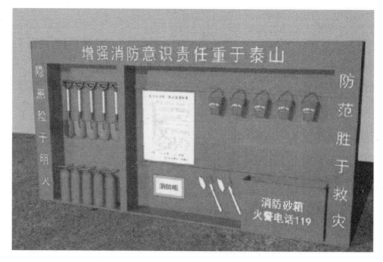

图 4-56　消防柜效果图

（八）安全标志、标识

1. 安全标志

（1）安全标志牌应在施工现场的作业区、加工区、生活区等醒目位置设置，且满足数量和警示要求，不得将安全标志不分部位、集中悬挂；

（2）标志牌均采用镀锌钢板、PVC 板或铝塑板制作，面层采用户外车贴；

（3）禁止标志牌、警告标志牌、指令标志牌尺寸均为 300mm×400mm，消防安全提示标志牌尺寸为 350mm×250mm；

（4）标识牌具体做法参照图示，文字字体为黑体字；

（5）不同类型的标志牌同时设置时，应按警告、禁止、指令、提示的顺序，先左后右、先上后下地排列。

安全标志如图 4-57 所示。

施工现场使用的安全标志如图 4-58 所示。

2. 安全标语

（1）安全宣传条幅应悬挂在施工现场入口处及外脚手架外立面等现场醒目位置，安全宣传单可张贴在施工现场进出口及楼梯口等人流量较大的位置；

（2）项目现场悬挂标语数量不得少于 3 幅，地方政府有相关要求时，按地方政府要求执行，长度根据文字内容而定，宽度为 900mm。

安全标语示例如图 4-59 所示。

3. 平平安安标识

平平安安标识在安全理念宣传、临边防护、临电管理、机械防护、消防安全等现场位置悬挂。

4. 安全文明警示标志

（1）安全警告宣传牌用于施工现场道路两侧或吊装、交叉作业等施工区域；

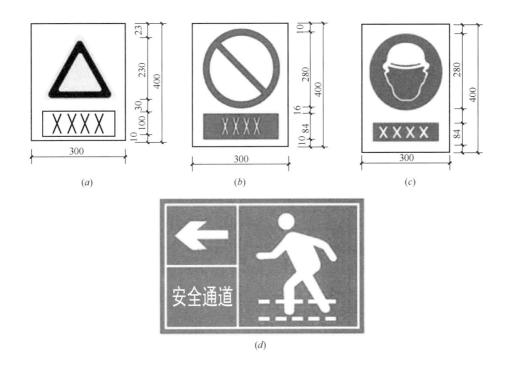

图 4-57　安全标志

(a) 警告标志；(b) 禁止标志；(c) 指令标志；(d) 安全通道

(2) 材质：采用 5mm 铝塑板制作，面层采用户外车贴，尺寸为 1500mm×900mm。
安全文明警示标志牌示例如图 4-60 所示。

5. 楼层提示牌

(1) 结构内楼层安全提示牌底板采用 PVC 板，面层采用户外车贴制作；

(2) 楼层标识牌为长方形，尺寸为 400mm×400mm。

楼层提示牌示例如图 4-61 所示。

6. 楼层安全警示标志

(1) 应用于外用电梯、物料提升机、建筑结构内外等；

(2) 底板采用 PVC 板，面层采用户外车贴制作，尺寸不小于 550mm×450mm；

(3) 内容分为两部分，左侧为安全小提示，右侧为楼层号。

楼层安全警示标志示例如图 4-62 所示。

7. 机械设备标识牌

悬挂于施工现场大中型机械设备上，尺寸为 200mm×150mm，采用镀锌钢板覆户外车贴。

机械设备标识牌示例如图 4-63 所示。

8. 管理制度牌

施工现场按照规范要求悬挂管理制度牌，制度牌采用 PVC 板制作，尺寸为 500mm×400mm。

管理制度牌示例如图 4-64 所示。

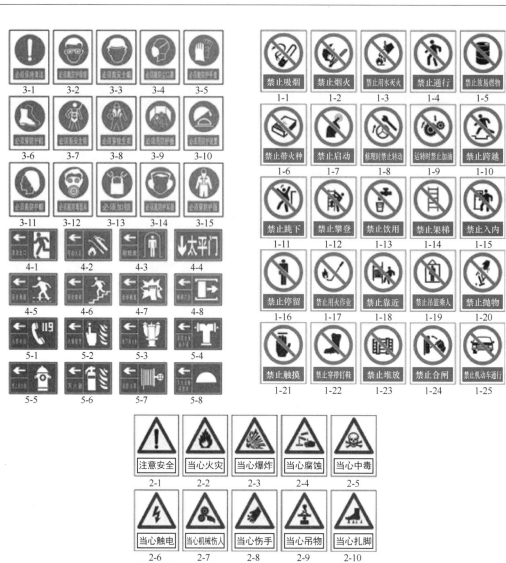

图 4-58   施工现场使用的安全标志

安全第一　预防为主　综合治理

质量是企业的生命　　安全是生命的保障

图 4-59　安全标语

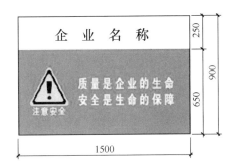

图 4-60　安全文明警示标志牌

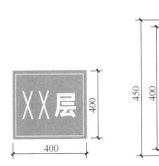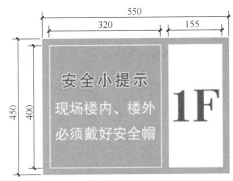

图 4-61　楼层提示牌　　　　　　图 4-62　楼层安全警示标志

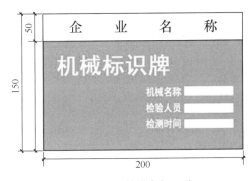

图 4-63　机械设备标识牌

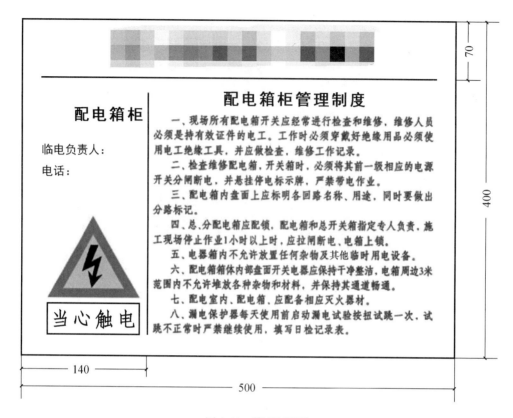

图 4-64　管理制度牌

9. 安全操作规程牌

（1）施工现场塔式起重机、施工升降机、物料提升机、中小型机械设备、临电作业等位置应悬挂相应的安全操作规程；

（2）安全操作规程牌采用铝塑板制作，尺寸为 400mm×600mm。

安全操作规程牌示例如图 4-65 所示。

10. 安全讲评台

（1）应设置于现场空旷位置，适用于安全教育活动；

（2）图牌采用喷绘布制作，尺寸为 6000mm×2500mm。

安全讲评台效果图示例如图 4-66 所示。

11. 项目部员工风采牌

（1）项目部员工风采牌应在项目进门处设置；

（2）项目部员工风采牌采用 PVC 板或铝塑板制作，面层采用户外车贴，尺寸为 4500mm×2000mm，尺寸可根据项目实际情况调整；

（3）项目部员工风采牌背景图片可更换，需增加员工照片。

项目部员工风采牌示例如图 4-67 所示。

12. 安全生产、竣工倒计时牌

（1）安全生产、项目竣工倒计时牌固定于进入大门处左侧；

（2）采用 PVC 板或铝塑板制作，面层采用户外车贴，天数每日更新；

安全操作规程

1、砂轮机安装必须牢固可靠，托架平面要平整。转动中不应有明显的震动现象。

2、更换砂轮，必须检查砂轮本身有无裂纹、缺陷及线速度是否适合，安装时夹紧力要适中，不得重力敲打。

3、砂轮与防护罩的间隔大于5mm以上，砂轮与磨刀托架的距离应控制低于砂轮中心3～5mm为宜。

4、砂轮不圆、有裂纹和磨损剩余部分不足25mm的不准使用。

5、砂轮机不准装倒顺开关，旋转方向禁止对着主要通道。

6、使用前应先检查设备是否完好无损，装水管要盛满水，盘动砂轮是否卡死或损坏，启动后，待运转正常，方可使用。

7、作业时应戴好专用防护面罩，衣袖扣要扣好，不许戴手套或用棉纱头等包着工件，不许两人同时使用一个砂轮机，要站在砂轮机两则不可正对砂轮机。

8、砂轮更换后，应空转3～5分钟，视其运行的均匀、平衡情况后再决定使用。

9、砂轮机起动后，运行到正常速度后方可进行磨削作业。

10、使用砂轮机磨削，操作者必须戴上防护眼镜，站在砂轮一侧（约45°进行操作），严禁面对砂轮机操作。

11、磨削工件时，要注意把握工件，不得用力过猛或磨削笨重工件，避免产生撞击、滑移，造成砂轮伤手或破裂现象。

12、使用较薄形砂轮磨削时，禁止使用侧面磨削。

13、使用砂轮时工件应左右缓慢移动，避免砂轮产生凹槽现象。

14、必须定期对砂轮机进行检查及维修保养工作，确保设备的安全运行。

15、合金刀具不得在普通砂轮上磨削，反之，合金砂轮上不许磨削普通刀具。

16、作业完毕应拉下开关，砂轮机停下后，将设备及环境卫生搞干净后方能离开。

操作人：　　　　　　　　　负责人：

图 4-65　安全操作规程牌

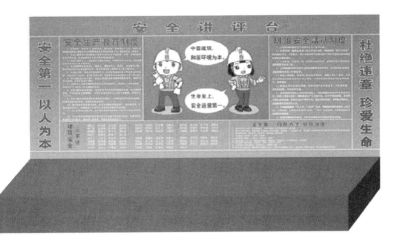

图 4-66　安全讲评台效果图

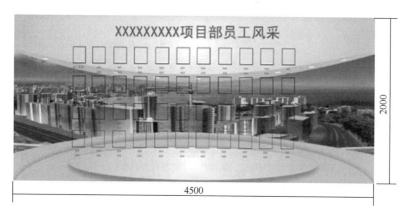

图 4-67　项目部员工风采牌

（3）尺寸为 800mm×1200mm，可根据项目实际情况调整。

安全生产、竣工倒计时牌示例如图 4-68 所示。

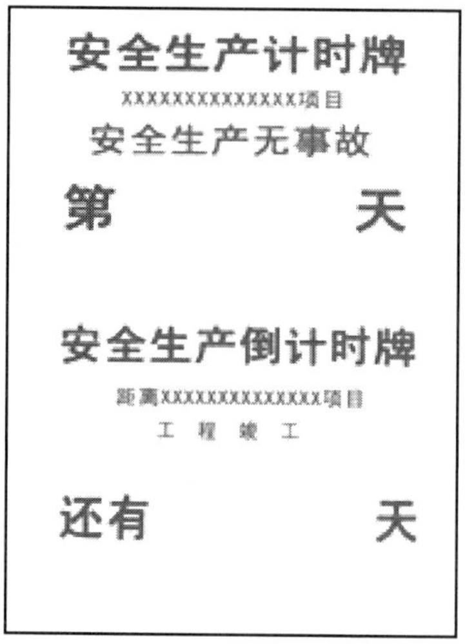

图 4-68　安全生产、竣工倒计时牌

13. 验收牌

（1）施工现场脚手架、起重机械、配电箱、防护棚等经过验收合格后应悬挂验收牌；

（2）验收牌采用镀锌钢板、PVC 板或铝塑板制作，面层采用户外车贴，尺寸为 500mm×400mm。

验收牌示例如图 4-69 所示。

14. 危险源公示牌

（1）公示牌中所涉及的危险源主要指《危险性较大的分部分项工程安全管理办法》中所规定的一些危险源，还包括项目部认定需要公示的其他危险源；

（2）公示周期可以是日、周、旬、月；

（3）公示牌采用铝塑板制作，面层采用户外车贴；

（4）危险源公示牌可设置在办公区、生活区、施工现场大门口，公示牌尺寸根据公示内容而定，不小于 2000mm×1500mm，红边宽度不小于 50mm。

危险源公示牌示例如图 4-70 所示。

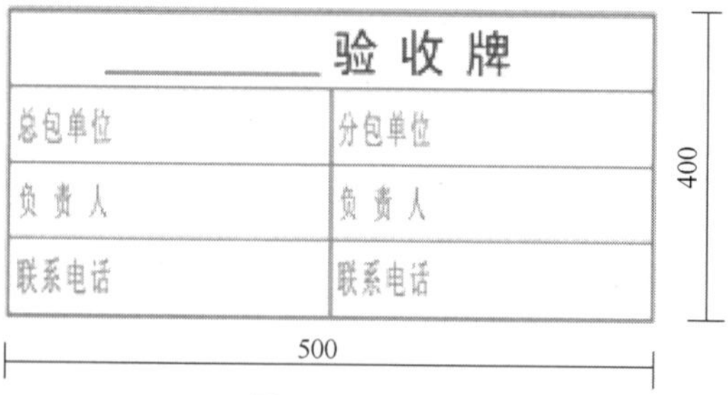

图 4-69　验收牌

图 4-70　危险源公示牌

（九）楼面形象展示区

1. 品牌布

（1）悬挂时间：楼面主体高度在 10 层以上，且不低于主体结构 2/3 高度；

（2）规格内容：品牌布为长方形 80m²，标识和字体鲜明；

（3）制作：可用户外喷绘或用广告布按照企业标准制作；

（4）安装方式：采用背板形式安装，绷紧拉直。要求使用角钢或方管做支架再覆镀锌钢板、木板等制作。

2. 企业文化宣传墙

（1）内容：深度融合企业文化的内容，充分展示企业实力与品牌形象；

（2）位置：施工现场/办公区显要位置；

（3）高度：2.5～3m，下方距地面 0.3m。

3. 安全文明施工宣传长廊

在主要人行通道两侧设置安全文明施工宣传长廊，高度不低于 2m，内容以安全规章制度、"安全生产十项禁令"为主并进行拓展，充分展示企业安全管理要求，增强人员安全意识。

安全文明施工宣传长廊示例如图 4-71 所示。

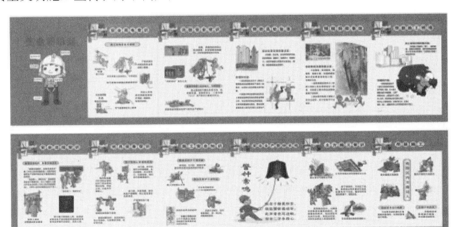

图 4-71 安全文明施工宣传长廊

4. 项目特色宣传内容

可根据项目的特色做出个性化的宣传内容，但整体风格要符合企业文化的要求。

5. 其他形象展示

施工现场大型机械设备进场前应进行外表面刷新处理，按要求粘贴企业标识，或组合，其他较小型机械设备可不作形象宣传。

6. 彩旗

（1）彩旗形式：竖式尺寸为 50cm×85cm，五种颜色（红、黄、蓝、白、绿）；

（2）使用场合：各种开、竣工仪式，重要公关活动；

（3）彩旗为刀形旗，旗面一般不印刷企业标识。

7. 宣传栏

放置于施工现场显著位置，使用不锈钢边框。

宣传栏示例如图 4-72 所示。

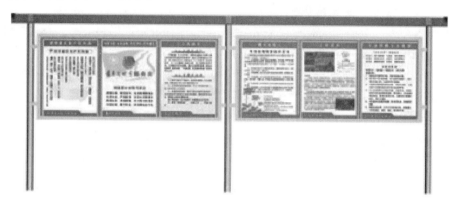

图 4-72　宣传栏

8. 温馨提示牌

放置于施工现场显著位置，使用不锈钢边框。

温馨提示牌示例如图 4-73 所示。

图 4-73　温馨提示牌

（十）临设设施

1. 木工加工棚

（1）采用封闭式木工加工棚，独立设置，应采用 A 级不燃材料搭设，设防爆灯具，应列为重点防火部位；

（2）门楣喷涂警示标语和加工棚名称；

（3）门侧挂平平安安提示牌，设置重点防火标识牌及防火管理制度，并配备足够的灭火器材。加工棚制度牌示例如图 4-74 所示。

图 4-74　加工棚制度牌

木工棚实景图及 CI 效果图示例分别如图 4-75、图 4-76 所示。

图 4-75　木工棚实景图

图 4-76　木工棚 CI 效果图

2. 危险品库房

（1）易燃、易爆等化学危险品库房应单独设置，与其他房屋有 20m 以上的安全距离。

（2）危险品库房尺寸应满足施工现场各种危险品存放最小间距要求。

（3）易燃易爆、化学危险品的库房应分类专库储存，库房内应通风良好，并应设置严禁明火标志。库房内照明灯开关应在室外，且使用防爆灯具（罩）。

（4）悬挂管理制度及责任人标牌。

危险化学品库房及防爆灯示例如图 4-77 所示。

图 4-77　危险化学品库房及防爆灯

3. 茶烟亭

现场应设置单独房间作为茶烟亭，便于施工人员施工过程中的休息、吸烟使用，亭内设水桶和灭火器，内外可布置安全宣传图画，顶部采取防雨防砸措施。

茶烟亭示例如图 4-78 所示。

4. 移动式厕所

（1）建筑物楼层高度超过 50m 或层数超过 20 层时，应在楼层内每隔 10 层设置 1 处移动式厕所；

（2）移动式厕所骨架采用 4 号角钢焊接，四周用压型钢板封闭，厕所围挡尺寸长×宽×高不小于 2m×1.5m×1.8m；

（3）移动式厕所门口要张挂移动厕所卫生管理制度标牌，尺寸为 400mm×600mm，采用 PVC 板制作；

（4）移动式厕所每天要安排专人负责清理，保证现场环境卫生。

楼层吸烟亭及移动式厕所示例如图 4-79 所示。

图 4-78　茶烟亭　　　　　　图 4-79　楼层吸烟亭及移动式厕所

5. 现场垃圾站

（1）施工现场应设封闭式垃圾站；

（2）施工垃圾、生活垃圾及有毒有害废弃物应分类存放，应及时清运消纳；

（3）悬挂管理制度及责任人标牌。

现场垃圾站设置示例如图 4-80 所示。

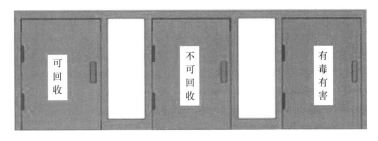

图 4-80　现场垃圾站

（十一）样板展示、成品保护

1. 钢筋加工样板

（1）墙体钢筋定位梯子筋重点展示梯子筋型号、纵筋及横撑筋间距、兼作顶模棍的横撑钢筋长度。

（2）钢筋箍筋加工重点展示箍筋的尺寸、弯曲半径、弯钩的角度、平直段长度。剪力墙钢筋绑扎样板重点展示竖向钢筋位置及间距、钢筋的清理、主筋接头及搭接长度、起步筋、箍筋间距及加密区。

钢筋加工样板示例如图 4-81 所示。

图 4-81　钢筋加工样板

2. 墙、柱模板展示

重点展示模板根部处理、对拉螺栓间距、型号及安装、背楞、固定措施、板面垂直度、阴阳角及拼缝、构件尺寸、洞口模板及支撑的刚度。

墙、柱模板样板展示示例如图 4-82 所示。

3. 墙砌筑抹灰样板

重点展示构造柱、墙拉筋、梁底斜砌、门窗洞口构造、灰缝、机电预留预埋。

图 4-82　墙、柱模板样板

墙砌筑样板展示示例如图 4-83 所示。

图 4-83　墙砌筑样板

墙抹灰样板展示示例如图 4-84 所示。

图 4-84　墙抹灰样板

4. 成品保护

（1）混凝土楼面、柱、楼梯踏步的混凝土浇筑后应做好成品保护；

（2）梁板混凝土浇筑前，应铺架板马道。

成品保护实景示例如图 4-85 所示。

图 4-85　成品保护实景图

五、施工现场办公区标准化管理

（一）办公楼

1. 外部形象

（1）材料：彩钢板活动房、集装箱式活动房、混凝土盒子房，铝合金门、窗可保持本色，普通材质的门、门框、窗框、窗扇内外均为企业统一颜色，护栏、楼梯扶手刷企业统一颜色，门、窗保护纸应清除；

（2）房檐、房顶刷企业统一颜色。

企业文化及安全专用标语等相关内容按企业统一规定执行。

2. 侧面山墙

一般设置企业统一标志，突出企业形象，不出现商家广告和电话。

3. 办公室设置

（1）模块化箱式拼装办公用房，根据项目规划确定选型，每两个箱体拼成一个单元；

（2）于办公区正面顶部设置专用标语，规格根据办公区正面宽度确定，材质为方钢、喷绘布、背面白铁皮，加斜撑，正门雨棚上方正立面安装企业统一标识，标识高、宽、字高以及标识与字间距均按企业统一规定；

（3）临建房二层左右两侧墙上居中设置企业标识，标识高、宽、字高以及标识与字间距均按照企业统一规定。

办公楼效果图示例如图 5-1 所示。

图 5-1 办公楼效果图

4. 项目部铭牌

（1）材质：不锈钢拉丝板；

（2）形式：按照企业文化选用统一的模式；

（3）尺寸：企业统一规定；

（4）位置：悬挂在项目部办公区大门门柱上或会议室门口右边。

项目部铭牌示例如图 5-2 所示。

图 5-2 项目部铭牌

5. 门牌

（1）材质：不锈钢拉丝板；

（2）尺寸：企业统一规定；

（3）颜色：企业统一规定；

（4）位置：统一高度，正面贴于门正上方。

6. 宣传图牌

（1）材质：户外写真覆 5mm 发泡板或其他材质；

（2）尺寸：企业统一规定，也可根据实际情况统一制作；

（3）内容：《企业行为规范》、安全教育等内容；

（4）位置：统一高度，正面贴于门右侧上方；

（5）业主、监理、分包单位不使用。

7. 飘扬旗

（1）位置：旗杆立于现场项目部办公区进门中心位置，施工区根据情况亦可设立；

（2）旗台台面：企业统一规定；

（3）旗杆：旗台后面竖立三根旗杆，旗杆为不锈钢，中央为国旗，左右两侧为公司旗；

（4）《企业文化》内品牌墙：在旗座后面安装，下方离地面 30cm，可加底座。

8. 会议室

（1）墙面、顶棚：为企业统一颜色，地面为地板或瓷砖；

（2）窗帘：为企业统一颜色；

（3）高档长方形会议桌：干净整洁，两侧摆放桌旗（国旗与公司旗）；

（4）主墙：摆放《企业文化》图牌，尺寸可根据会议室尺寸适当调整，标题、内容、字体按照企业统一规定，相框材质为亚克力板或其他；

（5）次主墙体：悬挂企业标识，尺寸依据会议室尺寸而定，材料采用双色板或亚克力雕刻字，厚度一般为 1cm，两边竖立落地旗，分别为国旗和公司旗；

（6）两侧墙体：分别悬挂公司工程代表作品、本工程效果图，相框材质为亚克力板，尺寸统一按企业规定，根据会议室尺寸也可适当调整，美观协调；

（7）会议室严禁悬挂工作制度牌、流程图等；

（8）桌签应按企业标准格式制作。

9. 项目经理办公室

（1）墙面、顶棚：企业统一颜色，地面为地板/瓷砖；

（2）窗帘：企业统一颜色；

（3）高档长方形办公桌：干净整洁，摆放桌旗（国旗与公司旗）；

（4）图牌：统一高度悬挂于办公桌对面墙上，可悬挂《企业文化》、《项目经理岗位职责》，图牌宽高按企业统一规定，相框材质为亚克力板，示例如图 5-3 所示。

10. 项目党支部书记办公室

（1）墙面、顶棚：企业统一颜色，地面为地板/瓷砖；

图 5-3　项目经理办公室图牌

（2）窗帘：企业统一颜色；

（3）高档长方形办公桌：干净整洁，摆放桌旗（党旗与公司旗）；

（4）图牌：统一高度悬挂于办公桌对面墙上，可悬挂《企业文化》、《项目党支部书记岗位职责》，图牌宽高按企业统一规定，相框材质为亚克力板，形式与项目经理图牌相同。

11. 管理人员办公室

（1）墙面、顶棚：企业统一颜色；

（2）地面：木地板或瓷砖；

（3）窗帘：企业统一颜色；

（4）办公桌：企业统一规定；

（5）墙面悬挂相关责任制图牌，图牌尺寸按照企业统一规定，示例如图 5-4 所示。

图 5-4　管理人员办公室责任制图牌

（二）功能性房间

1. 项目部食堂

（1）采用活动彩钢板房，外墙粉刷按照企业统一规定；

（2）内墙颜色按照企业统一规定，悬挂《食堂管理制度》、《食堂工作人员管理制度》、健康证、餐饮许可证、食品安全宣传画等内容，管理制度图牌尺寸按照企业统一规定，示例如图 5-5 所示；

（3）内部配备标准的餐桌及餐椅；

（4）内灶台、工作台：铺贴白瓷片，地面铺白色地砖，排水良好；

（5）厨师着白色厨师服、白色厨师帽、白色口罩；

（6）门牌材质为不锈钢拉丝板，尺寸按照企业统一规定，一般不使用企业标识，示例如图 5-6 所示；

图 5-5　项目部食堂管理制度牌

（7）食堂导向牌材质为户外写真覆 5mm 发泡板/PVC 板/铝塑板等制作，尺寸按照企业统一规定，示例如图 5-7 所示。

图 5-6　项目部食堂门牌　　　　　图 5-7　项目部食堂导向牌

2. 卫生间

（1）外墙：张贴管理制度图牌，图牌尺寸按照企业统一规定，制度牌一般不使用带标识的落款，示例如图 5-8 所示；

（2）设施：墙壁、屋顶封闭严密，门窗齐全并通风良好，设置洗手设施，墙面、地面应耐冲洗，厕位之间设隔板，高度不低于 900mm；

（3）门牌：尺寸按照企业统一规定，一般不使用企业标识，示例如图 5-9 所示；

（4）厕所导向牌：材质为户外写真覆 5mm 发泡板/PVC 板/铝塑板等制作，尺寸按照企业统一规定，示例如图 5-10 所示。

图 5-9　厕所门牌

图 5-8　卫生间管理制度牌　　　　图 5-10　厕所导向牌

（三）人员着装形象

1. 管理人员着装形象

管理人员服装一般分为春秋装、夏装、现场工装、冬大衣、工作鞋及其他配饰，管理人员要按照规定着装，将衬衣、T恤扎进腰带，全季节着装。

2. 现场工人着装

现场工人一般春秋穿施工专用背心，夏天穿文化衫。

3. 安全帽

（1）企业标志：在安全帽前方正中粘贴企业标志，标志尺寸按照企业规定；

（2）红色安全帽：上级领导、外来检查人员和安全员使用；

（3）白色安全帽（总包管理人员）：项目管理人员使用，以A开头，比如A-001、A-002……依次后排；

（4）白色安全帽（分包管理人员）：根据不同队伍，编号原则从B开头，B-001、B-002……，C-001、C-002……，D-001、D-002……，在两侧分别给予编号；

（5）黄色安全帽：工人使用，编号原则从B开头，与每支分包队伍相对应；

（6）蓝色安全帽：特种作业操作人员使用，编号原则从B开头，与每支分包队伍相对应。

4. 胸卡

（1）材质：企业统一规定，管理人员卡芯可采用PVC，施工工人卡芯可使用210g铜版纸；

（2）尺寸：企业统一规定；

（3）标准组合：一般采用"标识＋企业名称"式样组合；

（4）胸卡带（项目管理人员）：企业统一规定；

（5）胸卡照片：标准CI服装正面照片。

5. 名片

材质、规格、形式按照企业统一规定。

六、施工现场生活区标准化管理

（一）场地

1. 场地布置

（1）生活区与施工区应明确划分，实施封闭管理；

（2）生活区环境优美，卫生条件良好。

生活区实景图示例如图 6-1 所示。

图 6-1　生活区实景图

2. 宿舍大门

（1）应设置大门和门卫室，具体样式参考施工区相关要求；

（2）宿舍导向牌：应设有专用导向牌标明"宿舍区"，材质及尺寸按照企业统一规定。

3. 生活区设置

（1）生活区临建用房的建筑层数不应超过 3 层，会议室、文化娱乐室等人员密集的房间应设置在第一层；

（2）食堂制作间、锅炉房等应采用单层建筑，宿舍、办公用房不应与食堂制作间、锅炉房等组合建造，且应保持不小于 5m 的安全距离；

（3）生活区内应提供晾晒衣物的场地，场地硬化，美观；

（4）生活区应设置应急疏散通道、逃生指示标识和应急照明灯，示例如图 6-2 所示；

（5）宿舍设置空调进行防暑降温和冬季施工取暖，供电线路单独设置，示例如图 6-3 所示；

（6）设置手机充电柜，充电柜存放于房间内，示例如图 6-4 所示；

（7）设置太阳能热水器，提供现场生活热水；

图 6-2　应急照明灯和逃生指示标志

图 6-3　空调设置　　　　　　　　　图 6-4　手机充电柜

（8）生活区多层设置时，每层（一层和二层）安全通道下方每隔两跨应增设一道支撑，支撑上下延续。

4. 宿舍楼

（1）采用彩钢板活动房或现场原有房屋作为宿舍；

（2）整体形象参照办公楼；

（3）宿舍区制作关爱务工人员的口号、图牌，内容以传统的安全教育口号为主，如："高高兴兴上班去　安安全全回家来"、"绿色建造环境和谐为本　生命至上安全运营第一"、"质量是企业的生命　安全是生命的保证"、"安全第一预防为主综合治理"；

（4）侧面山墙可统一制作、悬挂高度一致的企业标识，每栋宿舍楼山墙统一编号 A、B、C、D、E、F……

（5）临街墙面制作标语；

（6）门牌：门上均设门牌，室内采用上下床铺；

（7）宿舍外墙张贴《文明宿舍管理制度》，侧面山墙张贴《生活区管理制度》、《生活区消防、防火管理制度》等图牌，尺寸按照企业统一规定，采用户外写真覆 5mm 发泡板或其他经济耐用材质制作，示例如图 6-5 所示。

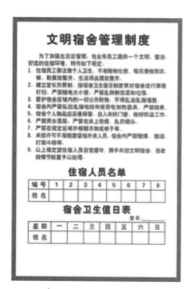

图 6-5　宿舍外墙管理制度牌

（二）功能性房间

1. 宿舍区食堂

（1）外墙：按照企业统一规定；

（2）内墙：颜色一般为白色，悬挂责任制、卫生须知、《食堂管理制度》、健康证、餐饮许可证等内容，示例如图 6-6 所示；

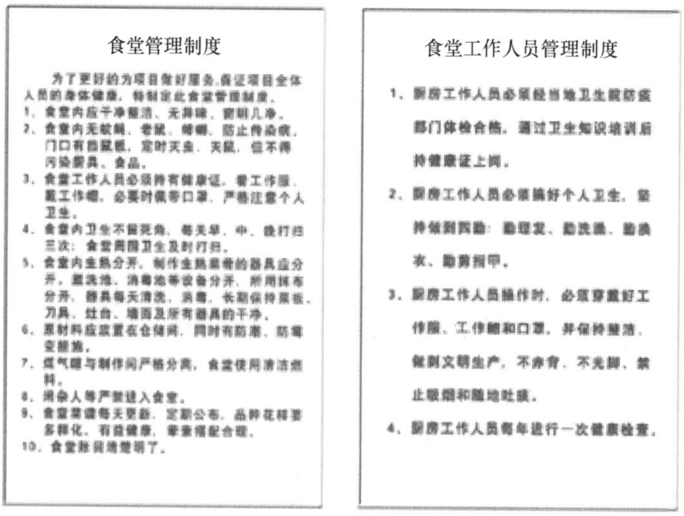

图 6-6　食堂管理制度牌

（3）餐桌餐椅：内部配备标准的白色餐桌及蓝色餐椅；

（4）内灶台、工作台：铺贴白瓷片，地面铺白色地砖，排水良好；

（5）人员着装：白色厨师服、白色厨师帽、白色口罩；

（6）门牌：材质可采用不锈钢拉丝板，尺寸为企业统一规定，一般不使用企业标识；

图 6-7　食堂导向牌

（7）排队窗口：由于就餐人员多，可设置多个窗口，并编号 A、B、C、D、E……窗口之间留出合适的距离，窗口上方制作勤俭节约类的标语，如："谁知盘中餐，粒粒皆辛苦"、"以节约为荣，以浪费为耻"等；

（8）食堂导向牌：材质、尺寸按照企业统一规定，示例如图 6-7 所示。

2. 卫生间/浴室

（1）外观要求同彩钢板活动房，内墙及地面应粘贴瓷砖，应有冲水设备，蹲位设置不低于 0.9m 隔板，外墙张贴管理制度，制度牌一般不使用带标识的落款，示例如图 6-8 所示；

图 6-8　卫生间/浴室管理制度牌

（2）厕所导向牌：材质、尺寸按照企业统一规定，示例如图 6-9 所示；

（3）门牌：尺寸、材质按照企业统一，一般不使用企业标识，示例如图 6-10 所示。

图 6-9　厕所导向牌　　　　　　　　图 6-10　厕所门牌

参 考 文 献

[1] 中国建筑材料规划研究院. 绿色建筑材料[M]. 北京：中国建材工业出版社，2010.

[2] 肖绪文，罗能镇，蒋立红，马荣全. 绿色建筑施工[M]. 北京：中国建筑工业出版社，2013.

[3] 许鹏等. 美国建筑节能总览[M]. 北京：中国建筑工业出版社，2012.

[4] 白润波，孙勇. 绿色建筑节能技术与实例[M]. 北京：化学工业出版社，2012.

[5] 李红芳，秦付良. 新编建筑施工现场标志牌[M]. 北京：化学工业出版社，2014.

[6] 中华人民共和国住房和城乡建设部. 建筑工程绿色施工评价标准 GB/T 50640—2010[S]. 北京：中国计划出版社，2011.

[7] 中华人民共和国住房和城乡建设部. 建设工程施工现场消防安全技术规范 GB 50702—2011[S]. 北京：中国计划出版社，2011.

[8] 中华人民共和国住房和城乡建设部. 建筑工程绿色施工规范 GB/T 50905—2014[S]. 北京：中国建筑工业出版社，2014.

[9] 中国建筑科学研究院. 绿色建筑技术导则[S]. 2015.

[10] 中华人民共和国建设部. 建设工程项目管理规范 GB/T 50326—2006[S]. 北京：中国建筑工业出版社，2006.

[11] 中华人民共和国建设部. 建筑节能工程施工质量验收规范 GB 50411—2007[S]. 北京：中国建筑工业出版社，2007.

[12] 中华人民共和国住房和城乡建设部. 污水排入城镇下水道水质标准 CJ 343—2010[S]. 北京：中国标准出版社，2010.

[13] 中华人民共和国住房和城乡建设部. 工程施工废弃物再生利用技术规范 GB/T 50743—2012[S]. 北京：中国计划出版社，2012.

[14] 中华人民共和国环境保护部. 建筑施工场界环境噪声排放标准 GB 12523—2011[S]. 北京：中国环境科学出版社，2012.

[15] 中华人民共和国环境保护部. 防治城市扬尘污染技术规范 HJ/T 393—2007[S]. 北京：中国环境科学出版社，2008.